HITE 6.0
培养体系

HITE 6.0全称厚溥信息技术工程师培养体系第6版，是武汉厚溥企业集团推出的“厚溥信息技术工程师培养体系”，其宗旨是培养适合企业需求的IT工程师，该体系被国家工业和信息化部人才交流中心鉴定为国家级计算机人才评定体系，凡通过HITE课程学习成绩合格的学生将获得国家工业和信息化部颁发的“全国计算机专业人才证书”，该体系教材由清华大学出版社全面出版。

HITE 6.0是厚溥最新的职业教育课程体系，该职业体系旨在培养移动互联网开发工程师、智能应用开发工程师、企业信息化应用工程师、网络营销技术工程师等。它的独特之处在于每年都要根据技术的发展进行课程的更新。在确定HITE课程体系之前，厚溥技术中心专业研究员在IT领域和一些非IT公司中进行了广泛的行业调查，以了解他们在目前和将来的工作中会用到的数据库系统、前端开发工具和软件包等应用程序，每个产品系列均以培养符合企业需求的软件工程师为目标而设计。在设计之前，研究员对IT行业的岗位序列做了充分的调研，包括研究从业人员技术方向、项目经验和职业素质等方面的需求，通过对面向学生的自身特点、行业需求与现状以及实施等方面的详细分析，结合厚溥对软件人才培养模式的认知，按照软件专业总体定位要求，进行软件专业产品课程体系设计。该体系集应用软件知识和多领域的实践项目于一体，着重培养学生的熟练度、规范性、集成和项目能力，从而达到预定的培养目标。整个体系基于ECDIO工程教育课程体系开发技术，可以全面提升学生的价值和学习体验。

一、移动互联网开发工程师

在移动终端市场竞争下，为赢得更多用户的青睐，许多移动互联网企业将目光瞄准在应用程序创新上。如何开发出用户喜欢并带来巨大利润的应用软件，成为企业思考的问题，然而这一切都需要移动互联网开发工程师来实现。移动互联网开发工程师成为求职市场的宠儿，不仅薪资待遇高，福利好，更有着广阔的发展前景，倍受企业重视。

移动互联网企业对Android和Java开发工程师需求如下：

已选条件:	Java(职位名)	Android(职位名)
共计职位:	共51014条职位	共18469条职位

1. 职业规划发展路线

Android				
★	★★	★★★	★★★★	★★★★★
初级Android开发工程师	Android开发工程师	高级Android开发工程师	Android开发经理	移动开发技术总监
Java				
★	★★	★★★	★★★★	★★★★★
初级Java开发工程师	Java开发工程师	高级Java开发工程师	Java开发经理	技术总监

2. 素质能力提升路径

1 大学生	2 大学生活	3 学习习惯	4 职业目标	5 沟通表达	6 自我管理
12 准职业人	11 职业路线	10 求职技能	9 就业意识	8 融入团队	7 形象礼仪

3. 专业技能提升路径

1 大学生	2 计算机基础	3 编程基础	4 软件工程	5 数据库	6 网站技术
12 准职业人	11 产品规划	10 项目技能	9 高级应用	8 APP开发	7 基础应用

4. 项目介绍

(1) 酒店点餐助手

(2) 音乐播放器

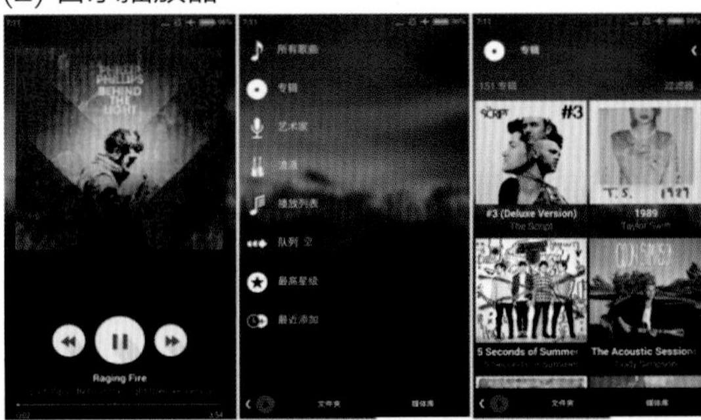

二、智能应用开发工程师

随着物联网技术的高速发展，我们生活的整个社会智能化程度将越来越高。在不久的将来，物联网技术必将引起我国社会信息的重大变革，与社会相关的各类应用将显著提升整个社会的信息化和智能化水平，进一步增强服务社会的能力，从而不断提升我国的综合竞争力。 智能应用开发工程师未来将成为热门岗位。

智能应用企业每天对.NET开发工程师需求约15957个需求岗位(数据来自51job):

已选条件:	.NET(职位名)
共计职位:	共15957条职位

1. 职业规划发展路线

★	★★	★★★	★★★★	★★★★★
初级.NET 开发工程师	.NET 开发工程师	高级.NET 开发工程师	.NET 开发经理	技术总监
★	★★	★★★	★★★★	★★★★★
初级 开发工程师	智能应用 开发工程师	高级 开发工程师	开发经理	技术总监

2. 素质能力提升路径

1 大学生	2 大学生活	3 学习习惯	4 职业目标	5 沟通表达	6 自我管理
12 准职业人	11 职业路线	10 求职技能	9 就业意识	8 融入团队	7 形象礼仪

3. 专业技能提升路径

1 大学生	2 计算机基础	3 编程基础	4 软件工程	5 数据库	6 网站技术
12 准职业人	11 产品规划	10 项目技能	9 高级应用	8 智能开发	7 基础应用

4. 项目介绍

(1) 酒店管理系统

(2) 学生在线学习系统

三、企业信息化应用工程师

当前，世界各国信息化快速发展，信息技术的应用促进了全球资源的优化配置和发展模式创新，互联网对政治、经济、社会和文化的影响更加深刻，围绕信息获取、利用和控制的国际竞争日趋激烈。企业信息化是经济信息化的重要组成部分。

IT企业每天对企业信息化应用工程师需求约11248个需求岗位（数据来自51job）：

已选条件:	ERP实施(职位名)
共计职位:	共11248条职位

1. 职业规划发展路线

初级实施工程师	实施工程师	高级实施工程师	实施总监
信息化专员	信息化主管	信息化经理	信息化总监

2. 素质能力提升路径

1 大学生	2 大学生活	3 学习习惯	4 职业目标	5 沟通表达	6 自我管理
12 准职业人	11 职业路线	10 求职技能	9 就业意识	8 融入团队	7 形象礼仪

3. 专业技能提升路径

1 大学生	2 计算机基础	3 编程基础	4 软件工程	5 数据库	6 网站技术
12 准职业人	11 产品规划	10 项目技能	9 高级应用	8 实施技能	7 基础应用

4. 项目介绍

(1) 金蝶K3

(2) 用友U8

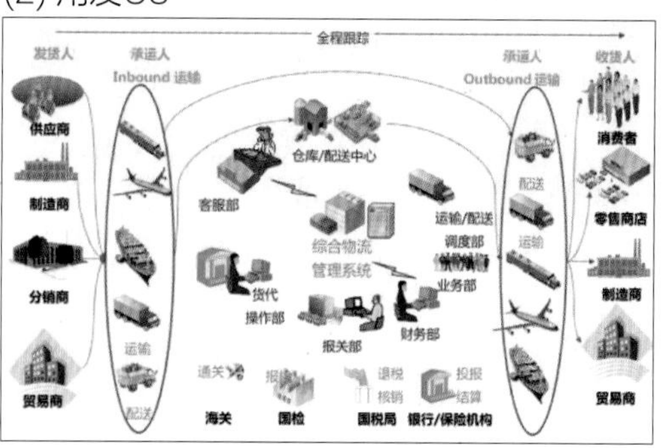

四、网络营销技术工程师

在信息网络时代，网络技术的发展和应用改变了信息的分配和接收方式，改变了人们生活、工作、学习、合作和交流的环境，企业也必须积极利用新技术变革企业经营理念、经营组织、经营方式和经营方法，搭上技术发展的快车，促进企业飞速发展。网络营销是适应网络技术发展与信息网络时代社会变革的新生事物，必将成为跨世纪的营销策略。

互联网企业每天对网络营销工程师需求约47956个需求岗位(数据来自51job)：

已选条件：	网络推广SEO(职位名)
共计职位：	共47956条职位

1. 职业规划发展路线

网络推广专员	网络推广主管	网络推广经理	网络推广总监
网络运营专员	网络运营主管	网络运营经理	网络运营总监

2. 素质能力提升路径

1 大学生	2 大学生活	3 学习习惯	4 职业目标	5 沟通表达	6 自我管理
12 准职业人	11 职业路线	10 求职技能	9 就业意识	8 融入团队	7 形象礼仪

3. 专业技能提升路径

1 大学生	2 计算机基础	3 编程基础	4 网站建设	5 数据库	6 网站技术
12 准职业人	11 产品规划	10 项目实战	9 电商运营	8 网络推广	7 网站SEO

4. 项目介绍

(1) 品牌手表营销网站

(2) 影院销售网站

HITE 6.0 软件开发与应用工程师

工信部国家级计算机人才评定体系

进入 IT 世界

武汉厚溥教育科技有限公司　编著

清华大学出版社

北　京

内 容 简 介

本书按照高等院校、高职高专计算机课程基本要求，以案例驱动的形式来组织内容，突出计算机课程的实践性特点。本书分为 11 个单元：认识计算机系统、应用常用软件、认识计算机操作系统、应用 Word 软件编辑文档、应用 Excel 软件处理表格、应用 PowerPoint 软件制作演示文稿、认识计算机网络和 Internet、结构、算法、计算机病毒、计算机密码学。

本书内容安排合理，层次清楚，通俗易懂，实例丰富，突出理论与实践的结合，可作为各类高等院校、高职高专及培训机构的教材，也可作为全国计算机一级考试参考书目。

图书在版编目(CIP)数据

进入 IT 世界 / 武汉厚溥教育科技有限公司 编著. —北京：清华大学出版社，2018（2023.8重印）
(HITE 6.0 软件开发与应用工程师)
ISBN 978-7-302-51206-6

I. ①进… II. ①武… III. ①电子计算机－基本知识 IV. ①TP3

中国版本图书馆 CIP 数据核字(2018)第 211814 号

责任编辑：刘金喜
封面设计：王 晨
版式设计：孔祥峰
责任校对：成凤进
责任印制：杨 艳

出版发行：清华大学出版社
网 址：http://www.tup.com.cn，http://www.wqbook.com
地 址：北京清华大学学研大厦 A 座 邮 编：100084
社 总 机：010-83470000 邮 购：010-62786544
投稿与读者服务：010-62776969, c-service@tup.tsinghua.edu.cn
质 量 反 馈：010-62772015, zhiliang@tup.tsinghua.edu.cn
印 装 者：三河市天利华印刷装订有限公司
经 销：全国新华书店
开 本：185mm×260mm 印 张：14.25 彩 插：2 字 数：338 千字
版 次：2018 年 9 月第 1 版 印 次：2023 年 8 月第 7 次印刷
定 价：69.00 元

产品编号：080333-01

主　编：

翁高飞　王　敏

副主编：

叶　翔　梁日荣　徐　向　宋开旭

编　委：

杨　锦　钟龙怀　杨　琦　谢凌雁
杨　洋　李　伟　杨　漫　周　健
李　杨　田新宇

主　审：

蔡育龙　唐子蛟

计算机(computer)俗称电脑，是一种用于高速计算的电子计算机器，既可以进行数值计算，又可以进行逻辑计算，还具有存储记忆功能，其发明者是约翰·冯·诺依曼。计算机是20世纪最先进的科学技术发明之一，对人类的生产活动和社会活动产生了极其重要的影响，并以强大的生命力飞速发展。它的应用领域从最初的军事科研应用扩展到社会的各个领域，已形成了规模巨大的计算机产业，带动了全球范围的技术进步，由此引发了深刻的社会变革。计算机已遍及一般学校、企事业单位，进入寻常百姓家，成为信息社会中必不可少的工具。计算机的应用在我国越来越普遍，改革开放以后，我国计算机用户的数量不断攀升，应用水平不断提高，特别是互联网、通信、多媒体等领域的应用取得了不错的成绩。

本书是“工信部国家级计算机人才评定体系”中的一本专业教材。“工信部国家级计算机人才评定体系”是由武汉厚溥教育科技有限公司开发，以培养符合企业需求的软件工程师为目标的IT职业教育体系。在开发该体系之前，我们对IT行业的岗位序列做了充分的调研，包括研究从业人员技术方向、项目经验和职业素质等方面，通过对所面向学生的特点、行业需求的现状以及实施等方面的详细分析，结合我公司对软件人才培养模式的认知，按照软件专业总体定位要求，进行软件专业产品课程体系设计。该体系集应用软件知识和多领域的实践项目于一体，着重培养学生的熟练度、规范性、集成和项目能力，从而达到预定的培养目标。

本书共包括 11 个单元：认识计算机系统、应用常用软件、认识计算机操作系统、应用Word 软件编辑文档、应用Excel软件处理表格、应用PowerPoint软件制作演示文稿、认识计算机网络和Internet、结构、算法、计算机病毒、计算机密码学。

我们对本书的编写体系做了精心的设计，按照“理论学习—知识总结—上机操作—课后习题”这一思路进行编排。“理论学习”部分描述通过案例要达到的学习目标与涉及的相关知识点，使学习目标更加明确；“知识总结”部分概括案例所涉及的知识点，使知识点完整系统地呈现；“上机操作”部分对案例进行了详尽分析，通过完整的步骤帮助读者快速掌握该案例的操作方法；“课后习题”部分帮助读者理解章节的知识点。本书在内容编写方面，力求细致全面；在文字叙述方面，注意言简意赅、重点突出；在案例选取方面，强调案例的针对性和实用性。

本书凝聚了编者多年来的教学经验和成果，可作为各类高等院校、高职高专及培训机构的教材，也可供广大程序设计人员参考。

本书由武汉厚溥教育科技有限公司编著，由翁高飞、蔡育龙、王鹏、邱碧波、李颖等多名企业实战项目经理编写。本书编者长期从事项目开发和教学实施，并且对当前高校的教学情况非常熟悉，在编写过程中充分考虑到不同学生的特点和需求，加强了项目实战方面的教学。本书编写过程中，得到了武汉厚溥教育科技有限公司各级领导的大力支持，在此对他们表示衷心的感谢。

参与本书编写的人员还有：武汉商学院曹静，黄冈职业技术学院孙俊、黄国军、张勇、夏晶，湖南软件职业学院符开耀，湖南机电职业技术学院王敏，湖南城建职业技术学院邓雪峰，贵州职业技术学院马跃、刘定智、王崇刚等。

限于编写时间和编者的水平，书中难免存在不足之处，希望广大读者批评指正。

服务邮箱：wkservice@vip.163.com

编　者

2018 年 7 月

单元一　认识计算机系统…………………………1

1.1　计算机发展史…………………………2

1.2　计算机系统组成…………………………5

1.2.1　计算机硬件系统…………………………6

1.2.2　计算机软件系统…………………………8

1.3　计算机存储…………………………9

1.4　数制系统…………………………10

1.5　IT 行业发展趋势…………………………12

1.5.1　IT 技术的发展成果…………………………12

1.5.2　IT 行业三大定律…………………………12

【单元小结】…………………………14

【单元自测】…………………………15

【上机实战】…………………………15

【拓展作业】…………………………18

单元二　应用常用软件…………………………19

2.1　应用浏览器查看网页…………………………20

2.1.1　认识 IE 浏览器…………………………20

2.1.2　浏览网页…………………………21

2.1.3　在网页间切换…………………………22

2.2　应用迅雷下载资源…………………………23

2.2.1　迅雷的安装…………………………23

2.2.2　下载网络资源…………………………24

2.3　音/视频播放软件的应用…………………………26

2.3.1　启动Windows Media Player…………………………26

2.3.2　用 Windows Media Player 播放音/视频…………………………27

2.4　使用 Cool Edit 剪辑音乐…………………………28

2.4.1　音乐编辑的需求…………………………29

2.4.2　建立多音轨功能…………………………29

2.4.3　插入音乐…………………………29

2.4.4　分割音频…………………………30

2.4.5　删除音块…………………………31

2.4.6　调整音块位置…………………………31

2.4.7　试听及输出…………………………32

2.4.8　保存音乐…………………………32

2.4.9　保存工程文件…………………………32

2.5　应用 WinRAR 压缩和解压缩文件…………………………33

2.5.1　压缩文件和数据…………………………33

2.5.2　解压缩文件和数据…………………………34

2.6　使用数据恢复软件找回丢失的文件…………………………36

2.6.1　数据丢失后找回的原理…………………………36

2.6.2　使用软件找回丢失的文件…………………………36

2.7　应用日程管理软件规划日程…………………………38

2.7.1　注册账户…………………………39

2.7.2　创建一次性任务…………………………39

2.7.3　设置提醒时间…………………………40

2.7.4　创建重复任务…………………………40

2.7.5　完成任务…………………………42

【单元小结】…………………………42

【单元自测】…………………………42

【上机实战】…………………………43

【拓展作业】……46

单元三 认识计算机操作系统……47

3.1 操作系统的功能……48

3.1.1 资源管理……48

3.1.2 程序控制……48

3.1.3 人机交互……49

3.2 操作系统的分类……49

3.2.1 用户数量……49

3.2.2 用户界面……49

3.3 MS-DOS 操作系统……50

3.3.1 命令解释器……50

3.3.2 常用 DOS 命令……51

3.4 图形用户界面系统……52

3.5 文件系统……52

3.6 Windows 文件管理……53

3.6.1 Windows 资源管理器……53

3.6.2 文件与文件夹的管理……55

3.7 磁盘管理……59

3.8 任务管理……59

3.8.1 任务管理器简介……59

3.8.2 应用程序的有关操作……60

3.9 输入法管理与使用……62

3.9.1 默认输入法的设置……62

3.9.2 删除输入法……63

3.9.3 切换输入法……63

3.10 设置计算机系统启动项与系统服务……64

3.10.1 计算机启动项……64

3.10.2 系统服务设置……65

【单元小结】……66

【单元自测】……66

【上机实战】……67

【拓展作业】……70

单元四 应用 Word 软件编辑文档……71

4.1 Word 2016 的基本操作……72

4.1.1 启动 Word 2016……72

4.1.2 使用模板创建文档……73

4.1.3 打开和保存 Word 文档……75

4.2 文档的基本编辑和排版技巧……75

4.2.1 常用基础功能……75

4.2.2 文本的格式设置和排版……77

4.3 使用项目符号和编号……79

4.3.1 添加项目符号……79

4.3.2 添加项目编号……79

4.4 表格的制作……80

4.4.1 表格的创建……80

4.4.2 编辑表格……82

4.5 页眉、页脚和页码……82

4.5.1 页眉和页脚……82

4.5.2 页码……83

4.6 图像的处理……84

4.7 综合案例……85

4.7.1 使用文本格式设置编辑标题……85

4.7.2 为正文设置段落……85

4.7.3 添加编号……87

4.7.4 添加项目符号……88

4.7.5 添加落款……89

4.8 文档打印预览与打印……90

4.8.1 打印预览……90

4.8.2 文档的打印……90

【单元小结】……90

【单元自测】……91

【上机实战】……91

【拓展作业】……92

单元五 应用 Excel 软件处理表格……93

5.1 Excel 2016 的基本操作……94

5.1.1 启动 Excel 2016……94

5.1.2 Excel 2016 操作窗口简介……94

5.1.3 理解 Excel 中的基本概念……95

5.2 常用工作表和单元格的编辑……96

5.2.1 工作表的选定……96

5.2.2 单元格的编辑……96

5.2.3 单元格的选定……96

5.2.4 编辑工作表中的行和列……96

5.3 工作表中使用公式和函数……98

5.3.1 常用函数的使用……98

5.3.2 公式的使用……100

5.4 图表制作……100

5.4.1 制作数据源……101

5.4.2 选择数据……101

5.4.3 添加数据标签……102

5.4.4 筛选图表数据……102

5.5 数据透视表……103

5.5.1 建立数据源……104

5.5.2 建立数据透视表……105

5.5.3 改变数值的统计方法……107

【单元小结】……108

【单元自测】……109

【上机实战 1】……109

【上机实战 2】……110

【拓展作业】……112

单元六 应用 PowerPoint 软件制作演示文稿……113

6.1 PowerPoint 2016 的工作界面……114

6.2 制作演示文稿……115

6.2.1 新建空白演示文稿……116

6.2.2 根据设计模板创建演示文稿……117

6.2.3 根据已有主题创建演示文稿……119

6.2.4 修改新幻灯片的版式及配色方案……120

6.2.5 母版……121

6.3 应用动画……122

6.3.1 应用幻灯片切换动画……122

6.3.2 应用自定义动画……122

【单元小结】……123

【单元自测】……123

【上机实战】……124

【拓展作业】……126

单元七 认识计算机网络和 Internet……127

7.1 计算机网络的形成与发展……128

7.2 计算机网络的定义……130

7.3 计算机网络系统的组成……131

7.3.1 网络软件……131

7.3.2 网络硬件……131

7.4 计算机网络的分类……132

7.4.1 按网络的拓扑结构分类……133

7.4.2 按网络的管理方式分类……134

7.4.3 按网络的地理覆盖范围分类……135

7.4.4 按网络的使用范围分类……136

7.5 TCP/IP 协议……136

7.5.1 IP 地址……137

7.5.2 IP 地址分类……137

7.6 Internet 基础知识……137

7.6.1 Internet 的起源和发展……137

7.6.2 Internet 的信息服务方式……139

7.6.3 Internet 应用基础……140

7.6.4 文件传输服务……143

7.6.5 Internet 常见术语……145

【单元小结】……145

【单元自测】……145

【上机实战】……146

【拓展作业】……146

单元八 结构(选)……147

8.1 集合……150

8.1.1 结构特征描述……150

8.1.2 相关操作……150

8.1.3 结构抽象……151

8.2 队列……151

8.2.1 结构特征描述……152

8.2.2 相关操作……152

8.2.3 结构抽象……152

8.3 栈……152

8.3.1 结构特征描述……153

8.3.2 相关操作……153
8.3.3 结构抽象……153
8.4 树……153
8.4.1 结构特征描述……156
8.4.2 相关操作……156
8.4.3 结构抽象……157
8.5 网……157
8.5.1 结构特征描述……158
8.5.2 相关操作……159
8.5.3 结构抽象……159
【单元小结】……160
【单元自测】……160

单元九 算法(选)……161
9.1 算法的定义……162
9.2 算法的五个特征……162
9.3 常见的算法思想……162
9.3.1 递推法……162
9.3.2 递归法……163
9.4 排序算法的分类……164
9.5 常见的排序算法……164
9.5.1 直接插入排序……164
9.5.2 冒泡排序……166
9.5.3 简单选择排序……167
9.5.4 排序算法的优化——快速排序……168
9.6 查找算法的分类……170
9.7 二分查找……171
9.8 广度优先遍历和深度优先遍历……171
9.8.1 深度优先遍历算法……173
9.8.2 广度优先遍历算法……174
9.9 精华推荐……174
【单元小结】……175
【单元自测】……176

单元十 计算机病毒(选)……177
10.1 计算机病毒发展史……178
10.1.1 第一个真正的计算机病毒……179
10.1.2 DOS 时代的著名病毒……179
10.1.3 Windows 病毒……180
10.1.4 Internet 时代的病毒……181
10.2 计算机病毒分类……182
10.2.1 按照计算机病毒攻击的系统分类……182
10.2.2 按照计算机病毒的链接方式分类……182
10.2.3 按照计算机病毒的破坏情况分类……183
10.2.4 按照当前主流的杀毒软件给病毒起的名字分类……183
10.3 计算机病毒设计原理……185
10.3.1 递归原理……186
10.3.2 函数的运用……188
10.4 计算机病毒防治……190
10.4.1 即时通信工具传播的病毒的预防措施……191
10.4.2 蠕虫类病毒的预防措施……191
10.4.3 网页挂马病毒的预防措施……192
10.4.4 利用 U 盘进行传播的病毒的预防措施……192
10.4.5 网上银行、在线交易传播的病毒的预防措施……193
10.5 研究社区……193
【单元小结】……193
【单元自测】……194

单元十一 计算机密码学(选)……195
11.1 密码学概论……196
11.1.1 密码学常用术语……196
11.1.2 密码学分类……198
11.2 密码学数学基础……199
11.2.1 有限域……199

11.2.2 同余及模算法 …………… 199
11.2.3 中国剩余定理 …………… 200
11.2.4 单向函数与单向陷门函数 …………… 201
11.2.5 Fermat 定理 …………… 201
11.2.6 指数函数 …………… 201
11.2.7 辗转相除法求取两个数的最大公约数 …………… 202
11.3 计算机信息安全 …………… 202
11.3.1 操作系统安全 …………… 202
11.3.2 文档加密 …………… 203
11.3.3 口令保护技术 …………… 206
11.4 计算机网络安全 …………… 206
11.4.1 DH 密钥交换算法 …………… 207
11.4.2 RSA 算法 …………… 207
11.5 软件编程语言中的加密算法 …………… 208
11.6 密码实战 …………… 208
11.6.1 凯撒密码 …………… 208
11.6.2 条形码密码 …………… 208
11.6.3 比尔密码 …………… 209
11.7 常用的密码在线工具 …………… 210
11.8 常用的密码工具 …………… 210
11.9 密码研究资料 …………… 210
【单元小结】 …………… 211
【单元自测】 …………… 211

参考文献 …………… 213

单元 一

认识计算机系统

课程目标

- 理解硬件与软件
- 了解计算机硬件组成
- 熟练使用记事本
- 理解数制系统
- 了解计算机存储
- 了解 IT 行业发展趋势

简 介

纵观现代社会，计算机所起的作用实在是太大了，在某些方面连人类都望尘莫及。计算机正用“扎实肯干”“永不疲倦”的作风向人类展示着它的实力和魅力。如今，在各行各业我们都能找到计算机的身影。计算机的作用已由最初的军事领域逐渐渗透到经济、文化、科技等各个领域。制造汽车，用人工又慢又不精确，生产效率不高，要解决这个问题，找计算机；编写文件写了又改，改了又写，浪费纸张、时间和精力，要解决这些问题，也要找计算机；破解人类遗传上的密码，研究人类遗传的载体——染色体，由人工计算、分析，显然是不可能的，怎么办？还是找计算机！1946 年 2 月 14 日诞生了世界上第一台通用电子数字计算机 ENIAC，该机器在当时就被用于计算弹道。时至今日，计算机更是被人们赋予了神通，它似乎已经无所不知，无所不晓，无所不能了。可以毫不夸张地说，人类社会之所以高速发展，并取得巨大的成就，这与计算机的作用是分不开的。

计算机已经为人们做了太多太多的工作，人们也越来越离不开计算机了。也许在未来的某一天，人们会说：“没有饭吃，没有水喝没关系，但没有了计算机可不行。有了计算机可以输入命令，到网上购物，或者让它为你做饭做菜，并把饭菜送到你面前。”也许现在看来，这只是一个笑谈，可是谁又敢保证某一天这个笑谈不会成为事实，为人们所普遍接受呢？要知道，我们的前人也没有想到过有一天人们的生产、生活会与一个小匣子式的东西紧密地联系在一起。社会在发展，人类在进步，看着计算机技术日新月异的发展速度，就连制造、控制它的人，也不知道有了计算机的未来会是一个什么样的景象。这也许就是人类所不能企及的吧！

生活在过去的年代不懂文字，常被人讥为“文盲”，而在现在的社会中不了解计算机，只怕会跟不上时代的进步。

由于技术的飞速发展，计算机已从庞大的身躯缩小为一个小巧的盒子，进入了千家万户，所以通常说的计算机一般情况下指的就是“家庭计算机”，又称“家庭电脑”或“个人电脑”(Personal Computer，PC)。

1.1 计算机发展史

在推动计算机发展的众多因素中，电子元器件的发展起着决定性的作用；另外，计算机系统结构和计算机软件技术的发展也起了重大的作用。从生产计算机的主要技术来看，计算机的发展过程可以划分为四个阶段。

1. 第一代：电子管时代(1946—1958 年)

第一代计算机的特征是采用电子管作为计算机的逻辑元件，内存储器采用水银延迟线，外存储器采用磁鼓、纸带、卡片等。运算速度只有每秒几千次到几万次基本运算，内存容量只有几千个字。用二进制表示的机器语言或汇编语言来编写程序。由于体积大、功耗大、造价高、使用不便，此类计算机主要用于军事和科研部门进行数值计算。代表性的计算机是 1946 年美籍匈牙利数学家约翰·冯·诺依曼与他的同事在普林斯顿研究所设计的存储程序计算机 IAS，本意是要预测天气变化，虽然在预测天气方面还不够准确，但是 IAS 成功地完成了氢弹设计的复杂计算工作。它的设计体现了“存储程序原理”和“二进制”的思想，产生了所谓的冯·诺依曼型计算机结构体系，对后来计算机的发展有着深远的影响，电子管如图 1-1 所示。

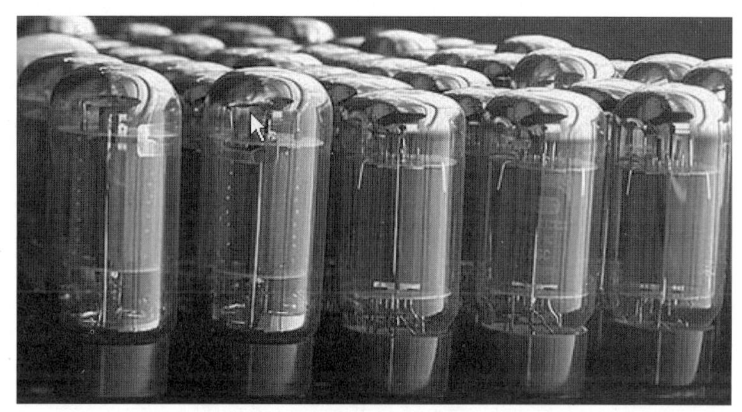

图 1-1　电子管

2. 第二代：晶体管时代(1958—1964 年)

第二代计算机的特征是：用晶体管代替了电子管；大量采用磁芯作内存储器，采用磁盘、磁带等作外存储器；体积缩小、功耗降低、运算速度提高到每秒几十万次基本运算，内存容量扩大到几十万字。同时计算机软件技术也有了很大的发展，出现了 Fortran、ALGOL-60、COBOL 等高级程序设计语言，大大方便了计算机的使用。因此，它的应用从数值计算扩大到数据处理、工业过程控制等领域，并开始进入商业市场。代表性的计算机是 IBM 公司生产的 IBM-7094 机和 CDC 公司生产的 CDC-1604 机，机型如图 1-2 所示。

图 1-2　IBM 推出的 IBM 709 大型计算机

3. 第三代：集成电路时代(1964—1975 年)

第三代计算机的特征是用集成电路(Integrated Circuit，IC)代替了分立元件，集成电路是把多个电子元器件集中在几平方毫米的基片上形成的逻辑电路。第三代计算机的基本电子元件是每个基片上集成几个到十几个电子元件(逻辑门)的小规模集成电路和每个基片上集成几十个元件的中规模集成电路。第三代计算机已开始采用性能优良的半导体存储器取代磁芯存储器，运算速度提高到每秒几十万到几百万次基本运算，在存储器容量和可靠性等方面都有了较大的提高。同时，计算机软件技术的进一步发展，尤其操作系统的逐步成熟是第三代计算机的显著特点。多处理机、虚拟存储器系统以及面向用户的应用软件的发展，大大丰富了计算机软件资源。为了充分利用已有的软件，解决软件兼容问题，出现了系列化的计算机。最有影响的是 IBM 公司研制的 IBM-360 计算机系列。这个时期的另一个特点是小型计算机的应用。DEC 公司研制的 PDP-8 机、PDP-11 系列机以及后来的 VAX-11 系列机等，都曾对计算机的推广起了极大的作用，如图 1-3 所示。

图 1-3　DEC 公司推出的 PDP-8 型计算机(标志着小型机时代的到来)

4. 第四代：大规模集成电路时代(1975 年至今)

第四代计算机的特征是以大规模集成电路(每个基片上集成成千上万个逻辑门，LargeScale Integration，LSI)来构成计算机的主要功能部件，主存储器采用集成度很高的半导体存储器。运算速度可达每秒几百万次甚至上万亿次基本运算。在软件方面，出现了数据库系统、分布式操作系统等，应用软件的开发已逐步成为一个庞大的现代产业。第四代计算机——笔记本电脑外观效果如图 1-4 所示。

当然，人类探索的脚步不会停止，最新一代机器也正在研制之中，它是一种采用超大规模集成电路的智能型计算机。这一代的基本体系结构与前四代有很大不同。前四代基本属于冯·诺依曼型的，即通常说的五官型(存储器、运算器、控制器、输入和输出设备)；而第五代机器将采用分布的、网络的、数据流的体系结构。在硬件上，它由推理机、知识库和智能接口机组成；在软件上，将由一个程序分别对硬件三大部分进行操作管理。它的主要特点是采用平行处理、联想式检索、以 PROLOG 为“机器语言”、以应用程序为用户呈现。因此，智能化程度显著提高，是一种更接近于人的计算机系统。

图 1-4　苹果超薄笔记本电脑

1.2　计算机系统组成

一个完整的计算机系统由硬件系统和软件系统两大部分组成，如图1-5所示。硬件(Hardware)也称硬件设备，是计算机系统的物质基础。软件(Software)是指所有应用计算机的技术，是看不见摸不着的程序和数据，但能感觉得到它的存在，它是介于用户和硬件系统之间的界面；它的范围非常广泛，普遍是指程序系统，是发挥机器硬件功能的关键。硬件是软件建立和依托的基础，软件是计算机系统的“灵魂”。没有软件的硬件(裸机)不能供用户直接使用，而没有硬件对软件的物理支持，软件的功能也无从谈起。所以把计算机系统当作一个整体来看，它既包含硬件，也包含软件，两者不可分割。硬件和软件相互结合才能发挥电子计算机系统的功能。

以上介绍的是计算机系统狭义的定义。广义的说法认为计算机系统是由人员(People)、数据(Data)、设备(Equipment)、程序(Program)和规程(Procedure)五部分组成，如图 1-5 所示。本章只对狭义的计算机系统予以介绍。

图 1-5　计算机系统层次结构

1.2.1 计算机硬件系统

计算机的硬件系统由以下五大基本部件组成。

1. 输入设备(Input Unit)

将程序和数据的信息转换成相应的电信号，让计算机能接收，这样的设备叫作输入设备，如键盘、鼠标、触摸屏、光笔、扫描仪、数码相机等。

2. 输出设备(Output Unit)

能将计算机内部处理后的信息传递出来的设备叫作输出设备，如显示器、打印机、绘图仪、数码相机等。

3. 运算器(Arithmetic Unit)

运算器是计算机的核心部件，是对信息或数据进行加工和处理(主要功能是对二进制编码进行算术运算和逻辑运算)的部件。运算器由加法器(Adder)和补码(Complement)等组成。算术运算按照算术规则进行运算，例如进行加法运算时，把这两个加数送入加法器，在加法器中进行加法运算，从而求出和。逻辑运算一般指算术性质的运算。

4. 控制器(Control Unit)

控制器是计算机的“神经中枢”和指挥中心，计算机硬件系统由控制器控制全部动作。运算器和控制器一起成为中央处理器(CPU)。

5. 存储器(Memory Unit)

计算机在处理数据的过程中，或在处理数据之后把数据和程序存储起来的装置叫作存储器。这是具有记忆功能的部件，分为主存储器和辅助存储器。

(1) 主存储器(Main Memory)。

主存储器与中央处理器组装在一起构成主机，简称主存。主存储器是计算机硬件的一个重要部件，其作用是存放指令和数据，并能由中央处理器直接随机存取。现代计算机为了提高性能，且兼顾合理的造价，往往采用多级存储体系。也就是说，存储容量小、存取速度高的高速缓冲存储器，以及存储容量和存取速度适中的主存储器是必不可少的。从20世纪70年代起，主存储器已逐步采用大规模集成电路构成。用得最普遍也最经济的是动态随机存储器芯片(DRAM)。1995年集成度为64MB(可存储400万个汉字)的DRAM芯片已经开始商业性生产，16MB DRAM芯片已成为市场主流产品。DRAM芯片的存取速度适中，一般为50～70ns。1998年SDRAM的后继产品为SDRAMII (或称DDR，即双倍数据速率)的品种上市。2008年DDR3产品已成为主流。在追求速度和可靠性的场合，通常采用价格较高的静态随机存储器芯片(SRAM)，其存取速度可以达到1～15ns。无论主存采用DRAM还是SRAM芯片，在断电时存储的信息都会“丢失”。所以对于完全固定的程序，数据区域可以采用只读存储器(ROM)芯片构成；主存的这些部分就不怕暂时供电中断，还可以防止病毒侵入。

(2) 辅助存储器(Auxiliary Memory)。

主存储器存取速度快，但缺点是容量小、价格高。辅助存储器的存储容量一般较大，在存储系统中起扩大总存储容量的作用，简称外存或辅存。一个计算机系统的辅助存储器由一种或多种存储设备组成，如硬盘、软盘、光盘等。硬盘内部传输率的决定因素之一是转速，转速是硬盘内电动机主轴的旋转速度，也就是硬盘盘片在1分钟内所能完成的最大转数，是区别硬盘档次的重要标志，单位为r/min(转/分钟)。硬盘的转速越快，磁头在单位时间内所能扫过的盘片面积就越大，从而使寻道时间和数据传输率得到提高。因此转速在很大程度上决定了硬盘的性能。目前SCSI接口硬盘的转速都达到了10 000r/min，甚至15 000r/min。

CPU 不能像访问内存那样，直接访问辅助存储器，辅助存储器要与 CPU 或 I/O 设备进行数据传输，必须通过内存进行。

内存、运算器和控制器(通常都安放在机箱内的主板上)统称为主机。输入设备和输出设备统称为输入输出设备(IO)。通常把输入输出设备和外存一起称为外围设备。外存既是输入设备，又是输出设备，如图 1-6 所示。

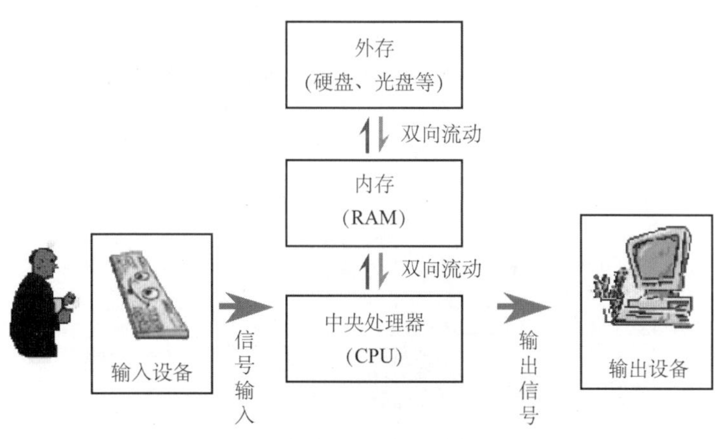

图 1-6　计算机体系结构示意图

图 1-7 列出了许多计算机的部件，你能识别出它们在计算机中分别起什么作用吗？

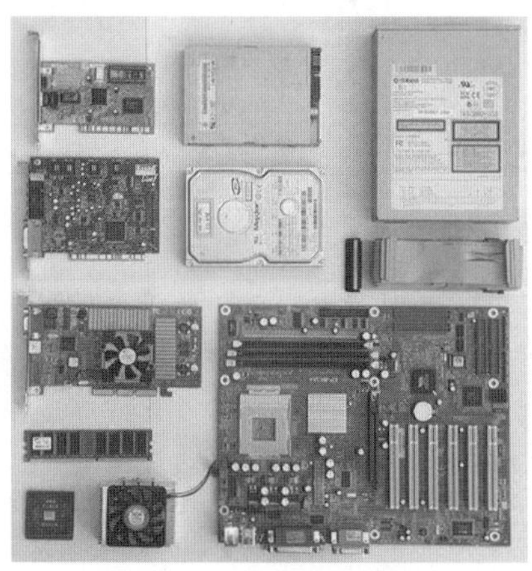

图 1-7　计算机主机部件

1.2.2 计算机软件系统

软件系统(Software Systems)由系统软件、支撑软件和应用软件组成，它是计算机系统中由软件组成的部分。它包括操作系统、语言处理系统、数据库系统、分布式软件系统和人机交互系统等。

操作系统的主要功能是资源管理、程序控制和人机交互等。计算机系统的资源可分为设备资源和信息资源两大类。设备资源指的是组成计算机的硬件设备，如中央处理器、主存储器、磁盘存储器、打印机、磁带存储器、显示器、键盘输入设备和鼠标等。信息资源指的是存放于计算机内的各种数据，如文件、程序库、知识库、系统软件和应用软件等。操作系统位于底层硬件与用户之间，是两者沟通的桥梁。用户可以通过操作系统的用户界面输入命令。操作系统则对命令进行解释，驱动硬件设备，实现用户需求。

操作系统是一个庞大的管理控制程序，大致包括五个方面的管理功能：进程与处理机管理、作业管理、存储管理、设备管理、文件管理。

目前个人计算机上常见的操作系统有 Windows、Linux、MAC OS、UNIX、DOS、OS/2、XENIX、Netware 等，如图 1-8 和图 1-9 所示。

图 1-8　微软操作系统 Windows Vista 界面

图 1-9　苹果 MAC OS 操作系统界面

支撑软件是指支撑各种软件开发与维护的软件，又称为软件开发环境。它主要包括环境数据库、各种接口软件和工具组。著名的软件开发环境有 Genuitec 公司的 MyEclipse、Microsoft 公司的 Visual Studio.NET 等。

应用软件是专门为某一应用目的而编制的软件，较常见的有以下几类。

1. 文字处理软件

该软件用于输入、存储、修改、编辑、打印文字材料等，如 Word、WPS 等。

2. 信息管理软件

该软件用于输入、存储、修改、检索各种信息，如工资管理软件、人事管理软件、仓库管理软件、计划管理软件等。这种软件发展到一定水平后，各个单项的软件相互联系起来，计算机和管理人员组成一个和谐的整体，各种信息在其中合理地流动，形成一个完整、高效的信息管理系统，简称 MIS。

3. 辅助设计软件

该软件用于高效地绘制、修改工程图纸，进行设计中的常规计算，帮助人们寻找到好的设计解决方案。

4. 实时控制软件

该软件用于随时采集生产装置、飞行器等的运行状态信息，以此为依据按预定的方案实施自动或半自动控制，安全、准确地完成任务。

1.3　计算机存储

计算机存储器最小的存储单位是比特，也就是位(bit，简称 b)，它表示一个二进制位，比特是一种存在(being)的状态：开或关、真或假。比位大的单位是字节(Byte，简称 B)，它等于 8 个二进制位。

由于在存储器中含有大量的存储单元，每个存储单元可以存放 8 个二进制位，所以存储器的容量是以字节为基本单位的。每个英文字母要占一个字节，一个汉字要占两个字节。其他常用的单位还有千字节(Kilobyte，KB，1KB 等于 1024B)、兆字节(Megabyte，MB，1MB 等于 1024KB)、吉字节(Gigabyte，GB，1GB 等于 1024MB)、太字节(Terabyte，TB，1TB 等于 1024GB)。

它们之间的关系为：

- 1Byte=8bit；
- 1KB=1024Byte；
- 1MB=1024KB；
- 1GB=1024MB；
- 1TB=1024GB。

通常这些单位用于描述存储介质的容量，如硬盘。硬盘外观如图 1-10 所示。

图 1-10　硬盘外观

1.4　数制系统

我们从小就接触十进制数制系统，“逢 10 进 1”。它使用 0～9 来表示所有的数。例如，十进制数 123，3 在个位上表示数字 3，2 在十位上表示 20，1 在百位上表示 100。

按进位的原则进行计数，称为进位计数制，简称“数制”或“进制”。在日常生活中经常要用到数制，通常以十进制进行计数。除了十进制计数以外，还有许多非十进制的计数方法。例如，60 分钟为 1 小时，用的是六十进制计数法；1 星期有 7 天，是七进制计数法；1 年有 12 个月，是十二进制计数法。当然，在生活中还有许多其他各种各样的进制计数法。

在计算机系统中采用二进制来进行计算，其主要原因是电路设计简单、运算简单、工作可靠、逻辑性强。不论哪一种数制，其计数和运算都有共同的规律和特点。

数制的进位遵循逢 N 进 1 的规则，其中 N 是指数制中所需要的数字字符的总个数，称为基数。例如，十进制数用 0、1、2、3、4、5、6、7、8、9 这 10 个不同的符号来表示数值，这个 10 就是数字字符的总个数，也是十进制的基数，表示逢 10 进 1。

任何一种数制表示的数都可以写成按“位权”展开的多项式之和，位权是指一个数字在某个固定位置上所代表的值，处在不同位置上的数字符号所代表的值不同，每个数字的位置决定了它的值或者位权。而位权与基数的关系是：各进位制中位权的值是基数的若干次幂。例如，十进制数 210.34 可以表示为：

$$(210.34)_{10}=2\times10^{2}+1\times10^{1}+0\times10^{0}+3\times10^{-1}+4\times10^{-2}$$

位权表示法的原则是数字的总个数等于基数；每个数字都要乘以基数的幂次，而该幂次是由每个数所在的位置决定的。排列方式是以小数点为界，整数自右向左为 0 次方、1 次方、2 次方、…，小数自左向右为负 1 次方、负 2 次方、负 3 次方、…。

在计算机中，最常见的 4 种数制系统是十进制、二进制、八进制和十六进制。

1. 二进制数制系统

计算机中使用二进制来处理和存储所有的数据，“逢 2 进 1”。它使用 0 和 1 来表示所有的数。例如，二进制数 11 等于十进制数 3。

(1) 十进制转二进制。

十进制转二进制可以使用除 2 反取余的方法，如 $(255)_{10}$ 转成二进制的方法如下。

步骤 1：将 255 连续除以 2，直到商为 0，如图 1-11 所示。

步骤 2：把每一次除以 2 的余数记录在除法计算过程的右侧，把所有的余数从下往上取出，得到的结果 $(1111\ 1111)_2$ 就是 255 转换成二进制的结果。

除法 | 余数
2 | 255 ········· 1
2 | 127 ········· 1
2 | 63 ········· 1
2 | 31 ········· 1
2 | 15 ········· 1
2 | 7 ········· 1
2 | 3 ········· 1
2 | 1 ········· 1
0
从下往上取余数（反取余）
$(255)_{10}=(1111\ 1111)_2$

图 1-11　十进制转二进制

(2) 二进制转十进制。

二进制转十进制可以使用按权相加的方法，如 $(1111\ 1111)_2$ 转成十进制的方法如下。

步骤1：将二进制的每一位先写成加权系数展开式，然后按十进制加法规则求和，即

$$
\begin{aligned}
(1111\ 1111)_2 &= 1\times2^7+1\times2^6+1\times2^5+1\times2^4+1\times2^3+1\times2^2+1\times2^1+1\times2^0 \\
&= 128+64+32+16+8+4+2+1 \\
&= 255
\end{aligned}
$$

步骤 2：得到的结果就是该二进制转十进制的结果，即

$(1111\ 1111)_2=(255)_{10}$

2. 八进制数制系统

计算机中使用二进制来处理数据，但是通常使用二进制表示一个数据就会很长，如 100100100。为了避免书写时的冗长，使用八进制来表示这些数据就会减少数字长度。“逢 8 进 1”，用 0～7 表示所有的数。

(1) 十进制转八进制。

十进制转八进制的方法与十进制转二进制的方法相同，但是采用“除 8 反取余”的计算方法。

(2) 八进制转十进制。

八进制转十进制的方法与二进制转十进制的方法相同，但是采用乘以 8 的 *N* 次方的计算方法。

3. 十六进制数制系统

由于二进制数与十六进制数具有特殊的关系，16 为 2 的 4 次方，所以在计算机应用中常常根据需要使用十六进制数。十六进制可以更加方便地缩短数据的长度，“逢 16 进 1”，分别用 0～9 和 A、B、C、D、E、F 表示。例如，绘图软件中的色彩设置值就会使用十六进制来表示色彩，如图 1-12 所示。

#FFFFF	#CCCCCC	#999999	#666666	#333333	#000000

图 1-12　白色、灰色和黑色，以及它们的十六进制代码

(1) 十进制转十六进制。

十进制转十六进制的方法与十进制转二进制的方法相同，但是采用“除 16 反取余”的计算方法。

(2) 十六进制转十进制。

十六进制转十进制的方法与二进制转十进制的方法相同，但是采用乘以 16 的 *N* 次方的计算方法。

将数由一种数制转换成另一种数制称为数制间的转换。由于计算机采用二进制，但用计算机解决实际问题时对数值的输入输出通常使用十进制，这就有一个十进制向二进制转换或由二进制向十进制转换的过程。也就是说，在使用计算机进行数据处理时首先必须把输入的十进制数转换成计算机所能接收的二进制数；计算机在运行结束后，再把二进制数转换为人们所习惯的十进制数输出。这两个转换过程完全由计算机系统自动完成，不需人们参与。

1.5 IT 行业发展趋势

基于信息科技(Information Technology，IT)的电子商务、远程教育、远程诊疗、电子政府、移动办公和家庭办公等新业务场景不断涌现并得到大力发展，信息技术日益广泛地深入社会生产、生活的各个领域，将使 IT 产业在数字化革命大潮中以更高的速度向前发展。

1.5.1 IT 技术的发展成果

支撑信息科技发展的动力来自于 IT 技术的发展，IT 技术的成果具体表现在四个方面。一是微电子技术的高速发展，导致芯片的运算能力及性能价格比继续按几何级数的定律增长，从而为大规模、多领域的数字化信息的加工处理、传递交流创造了条件；二是软件技术的高速发展，使芯片和计算机硬件具有了智能，从而成倍地扩大了计算机技术的功能和应用范围；三是在微电子、软件和激光三大技术的推动下，通信技术加快了从模拟向数字、低速向高速、单一语言媒体向多媒体的转变；四是计算机、通信与媒体技术的相互渗透与融合正在将通信与信息技术的发展推向一个崭新的阶段。

1.5.2 IT 行业三大定律

IT 行业具有一条完整的产业链条，包含了许多环节。其中一些关键技术的发展是遵循一定的发展规律的。而我们只有掌握和了解了这些规律才能理解 IT 行业，从而做出正确的判断或是发现新的机会。

1. 摩尔定律

摩尔定律最早是由 Intel(英特尔)公司创始人戈登·摩尔(Gordon Moore)博士提出，如图 1-13 所示。它的主要内容是：每 18 个月计算机等 IT 产品的性能会翻一番，或者说相同性能的计算机等 IT 产品，每 18 个月价钱会降一半。

图 1-13　戈登・摩尔

摩尔定律主导 IT 行业的发展，表现为：

- 为适应摩尔定律，IT公司必须在较短时间内完成下一代产品的开发。如图 1-14 所示，快速的技术研发，使Intel公司CPU晶体管数量大规模增长，CPU的计算速度提升了数万倍。IT公司若必须在短时间内提升产品性能，就需要非常大量的资源投入。摩尔定律的结果导致了每种IT产品的市场不会有太多的竞争者。例如，Intel公司在个人计算机CPU产业中处于领导地位，与之竞争的只有AMD公司。

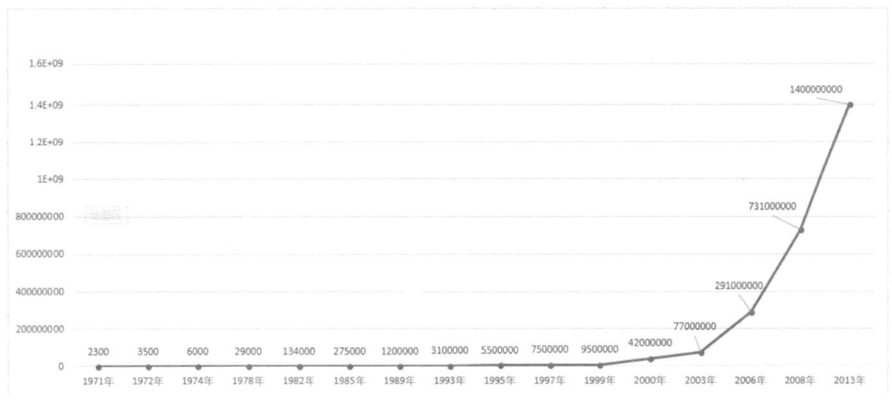

图 1-14　CPU 晶体管历年数量

- 由于有了强有力的硬件支持，许多具备新功能的软件应用能得到推广和使用。
- 摩尔定律使得各个 IT 公司在研发上必须具备长远目光，要考虑多年后的市场。

2. 安迪-比尔定律

什么动力使得用户不断更新自己的硬件呢？安迪-比尔定律总结出了 IT 产业中软件和硬件升级换代的关系，即安迪提供什么，比尔就拿走什么(What Andy gives，Bill takes away)。安迪指的是英特尔公司前 CEO 安迪・格罗夫(Andy Grove)，比尔指的是微软公司创始人比尔・盖茨(Bill Gates)。定律的内容说明：计算机工业是由软件更新带动硬件更新的。软件的开发和发展，令使用软件的设备需要更高的性能和速度，从而推动了硬件技术的不断更新和升级。

2008 年 9 月 23 日 Android 1.0 系统发布。当年也发布了第一款支持 Android 系统的手机 T-Mobile G1，如图 1-15 所示。这款手机采用了 3.17 英寸 480×320 分辨率的屏幕，手机内置 528MHz 处理器，拥有 192MB RAM 以及 256MB ROM。

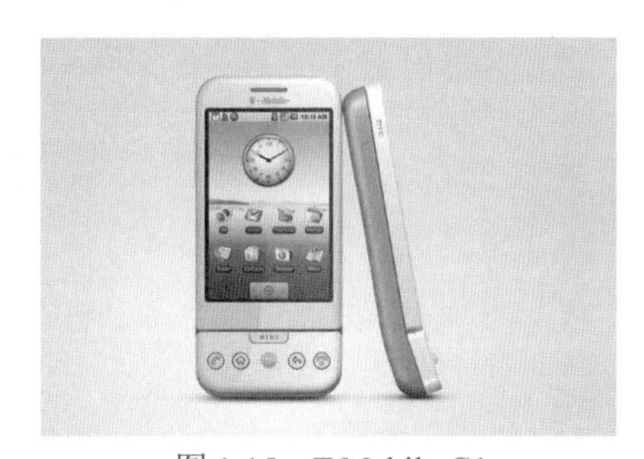

图 1-15　T-Mobile G1

随着移动互联网的快速发展，Android 系统已经发展成拥有超过 20 亿台设备并拥有超过 300 万个应用程序的庞大生态系统。经过 10 年的发展 Android 系统主要进行了以下改进。

- 统一的手势操作的用户界面框架，让用户可以更方便地使用。
- 引入了虚拟键盘来替代实体键盘。
- 加入了 Wi-Fi 热点、蓝牙、NFC、无线打印功能等技术。
- 新增了设备协同功能，所有歌曲、照片、APP 应用，甚至是某一台 Android 设备上的搜索记录，都可以一一同步到其他 Android 设备上。
- 增加速度、光感、方向、陀螺仪、压力、温度、重力、指纹、面部识别等传感器，使得相关地图导航、拍照、游戏等软件快速发展。

2017 年 8 月 22 日，谷歌正式发布了 Android 8.0。为了流畅运行这个操作系统和应用软件，给客户优质的体验，各大手机厂商不断加快研发，升级手机硬件。华为 Mate 10 手机就使用了最新研制的麒麟 970 芯片，其中包含了 8 个 CPU 核心，还设立了一个专门的 AI 硬件处理单元——NPU(Neural-network Processing Unit，神经元网络)，用来处理海量的 AI 数据，如图 1-16 所示。

图 1-16　华为 Mate 10

3. 反摩尔定律

反摩尔定律是由 Google 前 CEO 埃里克・施密特(Eric Schmidt)在一次采访中提出：一个 IT 公司同一个产品如果今天和 18 个月前卖掉的同样多，则它的营业额就要降低一半。IT 界把它总结为反摩尔定律。

在反摩尔定律的作用下要求所有的硬件设备公司必须赶上摩尔定律规定的更新速度，否则将面临亏损或者被淘汰的危险。

反摩尔定律也有积极的一面：

- 促进科技领域质的飞跃并为新兴公司提供生存和发展的可能。在量变的过程中小公司无法与大公司抗衡，只有在质变的时段才能获得打败大公司的机会(质变的时段一般指的是技术获得飞跃性突破，新技术取代旧技术的时段)。
- 使得新兴的小公司有可能在发展新技术方面和大公司处在同一个起跑线上。

【单元小结】

- 计算机发展的阶段划分
- 计算机系统构成
- 计算机硬件
- 计算机软件
- 计算机存储单位
- 数制系统
- IT 行业发展趋势

【单元自测】

1. 计算机的软件系统通常分为___________。
2. 1KB=______Byte；1MB=______KB。
3. 计算机中，中央处理器(CPU)由______和______两部分组成。
4. 每个汉字占______个字节，每个英文字母占______个字节。
5. 计算机的存储系统一般指主存储器和(　　)。

A. 累加器　　B. 寄存器
C. 辅助存储器　　D. 鼠标器

6. 下列十进制数与二进制数转换结果正确的有(　　)。

A. $(8)_{10}=(110)_2$　　B. $(4)_{10}=(1000)_2$
C. $(10)_{10}=(1100)_2$　　D. $(9)_{10}=(1001)_2$

7. 操作系统是一种(　　)。

A. 系统软件　　B. 操作规范
C. 编译系统　　D. 应用软件

8. 在微型计算机的下列各存储部件中读写信息，读写速度最快的是(　　)。

A. 硬盘　　B. 软盘
C. 内存储器　　D. 光盘

9. 目前使用的计算机基本是冯·诺依曼体系结构，该类计算机硬件系统包含的五大部件是(　　)。

A. 输入/输出设备、运算器、控制器、内/外存储器、电源设备
B. 输入设备、运算器、控制器、存储器、输出设备
C. CPU、RAM、ROM、I/O 设备、电源设备
D. 主机、键盘、显示器、磁盘驱动器、打印机

【上机实战】

上机目标

- 理解硬件与软件
- 了解计算机硬件构成
- 熟练使用记事本
- 理解数制系统
- 掌握计算机存储
- 提高打字速度

上机练习

◆ 第一阶段 ◆

练习 1：了解计算机硬件构成

【问题描述】

查看自己正在使用的计算机，看看都包含哪些硬件，这些硬件分别有什么作用，和同学们一起讨论。

【知识要点】

(1) 认识各种硬件。

(2) 鼠标的操作：移动、单击、双击、右击、拖曳。

(3) 显示器的颜色调整。

(4) 开机与关机。

鼠标的持法如图 1-17 所示。

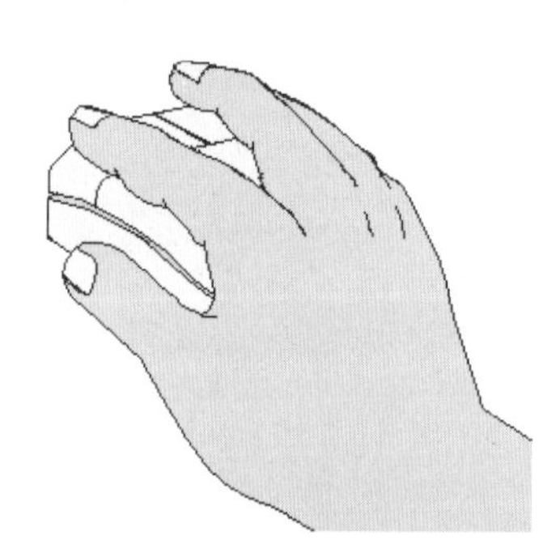

图 1-17　鼠标的持法

练习 2：了解计算机软件构成

【问题描述】

查看自己正在使用的计算机，看看都包含哪些软件，这些软件分别有什么作用，和同学们一起讨论。

【知识要点】

(1) 什么是注销？

(2) 什么是操作系统？它有什么用处？您正在使用的是什么操作系统？

(3) 查看自己的计算机都安装了哪些软件？看看每个软件有什么作用。

(4) 如何打开 Windows 提供的画图板、记事本与计算器？如何使用它们？

◆ 第二阶段 ◆

练习 1：键盘与指法

【问题描述】

同学们已经能够熟练地使用鼠标来控制计算机了，除了鼠标以外，键盘也是控制和使用计算机的一个重要的输入设备，可以通过键盘将命令、数字和文字等输入计算机中，因此，熟练地操作键盘是操作计算机最基本的技能之一。

首先，要有一个良好的坐姿，如图 1-18 所示，如果坐姿不正确，将会引起肩膀、手腕疼痛。

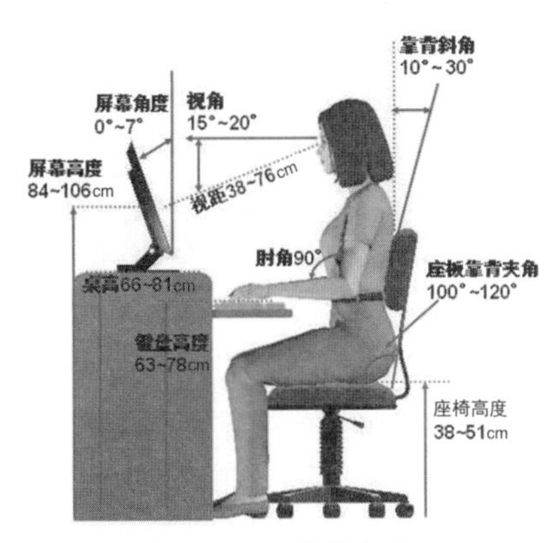

图 1-18　正确的坐姿

将计算机键盘上最常用的26个字母和常用符号依据位置分配给除大拇指以外的其余8个手指。键盘上的A、S、D、F、J、K、L和一个符号键称为基准键位，如图1-19和图1-20所示。

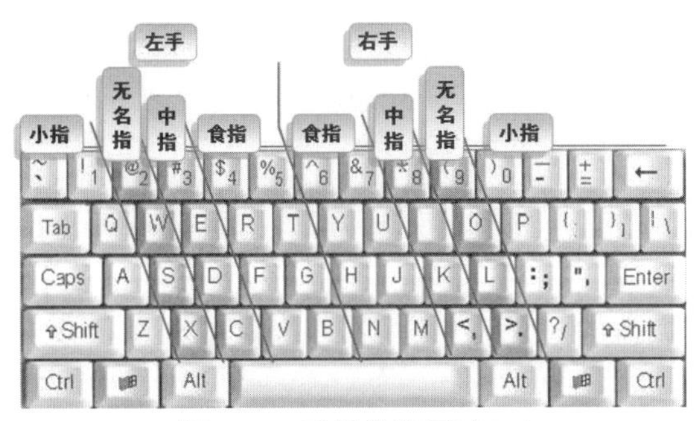

图 1-19　手指掌控区域(一)

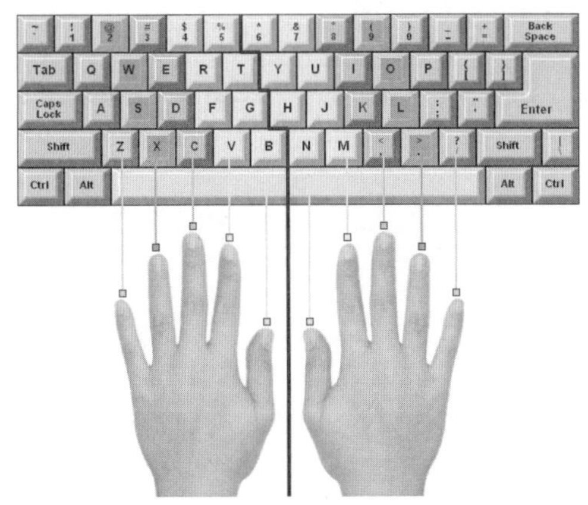
图 1-20　手指掌控区域(二)

【知识要点】

(1) 认识和熟悉键盘，掌握键盘分区、键的分类和常用功能键。

(2) 通过反复训练，掌握规范的键盘指法。

(3) 养成正确的键盘输入习惯。

练习 2：熟练输入文字

【问题描述】

要输入文字，就离不开输入法，目前常用的有五笔、拼音、部首、笔画等输入法。选择自己喜欢的输入法，打开记事本，输入下面的一段文字。

考验 Windows Vista

自从 Windows Vista 系统在 2007 年 1 月份推出上市以来，因其兼容性差，人们不大乐意接受而备受指责。但是，Colin Erasmus 指出，Windows XP 系统刚推出时，也有着同样的遭遇。而且，Windows Vista 系统的问题主要集中在用户所使用的 SP1 版本上。

该公司称，现在还存在一些应用软件方面的兼容性问题，而且有几家大型原始设备制造商(OEMs)生产的 Vista 硬件也不够兼容。

现在，推出 SP1 版本的 Vista 系统后，微软坚定其有着良好的预期。“我们不大可能给你一个某些地区某些方面的数据，毕竟我们的信息是全球性的，不是孤立互不关联的。但是，可以告诉你们的是，多达 80%～90%装有 Windows Vista 系统的机器正被出售给各大原始设备制造商。” Colin Erasmus 补充说道。

他继续指出，用户的抱怨集中在软硬件的兼容性上，为此，微软已经对 SP1 版本的 Windows Vista 系统进行了改进。现在 Windows Vista 系统可以实现与多达 77 000 种设备兼容，这远远超过了 Windows XP 系统所能兼容的数量。

Windows 7 系统

微软在 2007 年发布全新系统后，在三年后也就是 2010 年发布了 Windows 7 操作系统。作为下一个版本的系统，公司大力研究开发并不断完善，使之能够如期推出上市。Colin Erasmus 谈到将来的新产品开发时如是说道。

Windows 7 系统与现有的 Windows Vista 系统并没有很大的不同。当前正在构建的新型系统使用的就是 Vista 的内核。

Windows 7 系统具有一个很突出的特点，就是参考 Windows Vista 用户中使用最多的功能，并把这些功能和相关特性引入 Windows 7 系统，让用户获得更加舒适的使用体验。

“Windows 7 系统具有一个全新的特点，就是它支持多样接触环境。”他最后指出，这种多样接触技术可以支持公司开发的多种附加设备。

【知识要点】

(1) 切换输入法。

(2) 掌握记事本的各种功能。

(3) 熟练输入文字。

(4) 保存文档到任意位置。

【拓展作业】

使用记事本输入一篇介绍自己特长与不足之处的文章，并对不足之处给出解决办法。

单元二 应用常用软件

课程目标

- 了解常用软件的安装
- 掌握常用工具软件的使用
- 理解常用软件的共性

简 介

计算机主要由两大部分组成：硬件和软件。如果没有软件，计算机什么也干不了，它只是一堆电子元件。软件是一系列按照特定顺序组织的计算机数据和指令的集合。通常可以分为系统软件和应用软件。系统软件有常见的 Windows 操作系统、DOS 操作系统等；应用软件的范围比较广泛，涵盖了各行各业不同的功能、应用，如平面设计用到的 Photoshop、文字排版工具 Word、杀毒软件 360、网络聊天软件 QQ 等。所以说，用计算机，用的就是软件。

本章将介绍几款常用软件，在实际的日常使用过程中，使用到的软件可能将会更多，希望能对读者起到抛砖引玉的作用。

2.1 应用浏览器查看网页

因特网把世界各地的计算机通过网络线路连接起来，进行数据和信息交换，从而实现了资源共享。因特网可以为人们的工作、学习和生活带来很大的便利。网上信息都是以网页的形式保存在网络中的，要浏览网上的信息，就需要使用专门的网络浏览器。目前，比较常用的网络浏览器是微软公司的 Internet Explorer 浏览器，简称 IE 浏览器。

2.1.1 认识 IE 浏览器

IE 浏览器随 Windows 操作系统安装而安装，在 Windows 操作系统中双击 Internet Explorer 图标，或者在 Windows 桌面单击“开始”→Internet Explorer 菜单项，即可启动 IE 浏览器。

启动 IE 浏览器后，打开的界面就是 IE 浏览器的主界面窗口，它由标题栏、菜单栏、工具栏、地址栏、网页浏览窗口和状态栏等几部分组成，如图 2-1 所示。

- 标题栏：位于窗口的最上方，可以显示网页的标题；在右侧有最大化、最小化和关闭按钮。
- 菜单栏：主要包括 6 个菜单项，每个菜单项中有些常用的功能。
- 工具栏：主要以命令按钮的形式呈现出来，单击某个按钮就可以执行相应的功能。
- 地址栏：用于输入网页地址，以文本框的形式呈现，在输入网址后单击右边的“转到”按钮，即可跳转到相应的网页。
- 网页浏览窗口：显示网页信息的部分。
- 状态栏：位于窗口的最下方，用来显示浏览器当前的信息。

图 2-1　IE 浏览器的主界面窗口

2.1.2　浏览网页

任何网站、网页都会有一个与之对应的网址。要访问站点或页面，需要先输入它的网址，然后就可以进入该网站。

下面就在 IE 浏览器中打开网页，具体操作如下。

步骤 1：启动 IE 浏览器主界面窗口，在地址栏中输入准备访问网页的地址，如 http://www.163.com，然后单击“转到”按钮或者按 Enter 键。

步骤 2：IE 浏览器的状态栏将会显示当前正在连接的网站地址，并且可以看到窗口的底部出现一个进度条以显示打开网页的进度，当进度条走完出现“完成”时，整个网页加载就完成了，如图 2-2 所示。

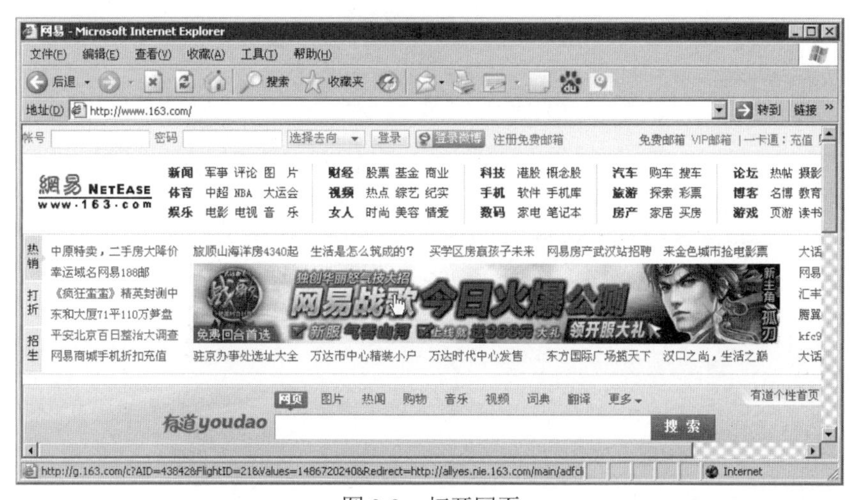

图 2-2　打开网页

2.1.3　在网页间切换

1. 利用超链接跳转

在浏览网页过程中，将鼠标移到网页上的一些文字或图片上时，鼠标会变成的形状，这些文字或图片都是超链接。当单击这些文字或图片时，可以跳转到对应的网页，有时可能会跳转到另外一个网站。利用超链接在各个网页之间进行跳转的功能，实现了我们在互联网世界中遨游的梦想。

2. 利用 IE 浏览器在浏览过的网页间跳转

IE 浏览器工具栏中提供了“后退”“前进”“停止”“刷新”和“主页”5 个按钮，单击相应的按钮即可在打开的网页间进行切换。

- “后退”按钮：假设浏览网页的顺序是 A 页面→B 页面→C 页面，当前停止在 C 页面，单击“后退”按钮将会退回到 B 页面。
- “前进”按钮：继续前面的操作，当前停止在 B 页面，单击“前进”按钮会转到 C 页面。在 C 页面就无法前进了，“前进”按钮会是灰色无法单击的状态。
- “停止”按钮：加载某一个页面是需要一段时间的，当加载到一半不想加载时，可以单击“停止”按钮，停止当前页面的加载。
- “刷新”按钮：重新加载当前页面。
- “主页”按钮：IE 浏览器打开时加载的页面，称为 IE 浏览器的主页。可以把经常浏览的页面设置为主页，如图 2-3 所示。

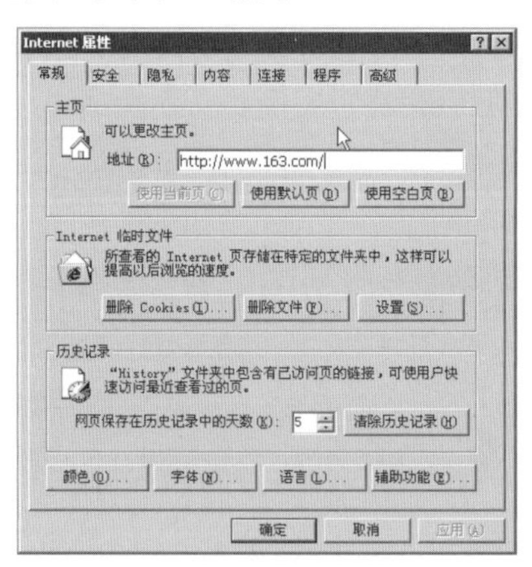

图 2-3　设置主页

注意

IE 浏览器设置主页：在 IE 浏览器的图标上右击，从弹出的快捷菜单中选择“属性”命令，打开“Internet 属性”对话框，在“常规”选项卡主页地址栏的文本框中输入想设置的主页 URL 地址(如图 2-3 所示)，单击“确定”按钮，完成设置。

2.2　应用迅雷下载资源

随着因特网的不断普及和发展，网上的信息和资源也越来越丰富。在网上浏览并搜索到很多有用的信息后，希望下载并保存到自己的计算机中。网际快车是一款专门用来下载网上资源的工具软件，同时还具有管理下载文件的功能。本节将介绍安装和使用网际快车的方法。

2.2.1　迅雷的安装

在使用迅雷前，首先应将其安装到计算机中。迅雷的安装程序可以在各大网站免费下载获得。具体的下载安装步骤如下。

步骤1：双击迅雷安装程序图标，弹出迅雷安装界面，被要求阅读《软件许可协议》，单击“接受”按钮进入下一步，如图 2-4 所示。

步骤 2：进入安装选项界面，根据自己的需要选择是否将迅雷的快捷方式添加到启动栏或桌面，各选择项以“√”的形式存在，可以把不需要的“√”去掉，如图 2-5 所示。然后单击“下一步”按钮。

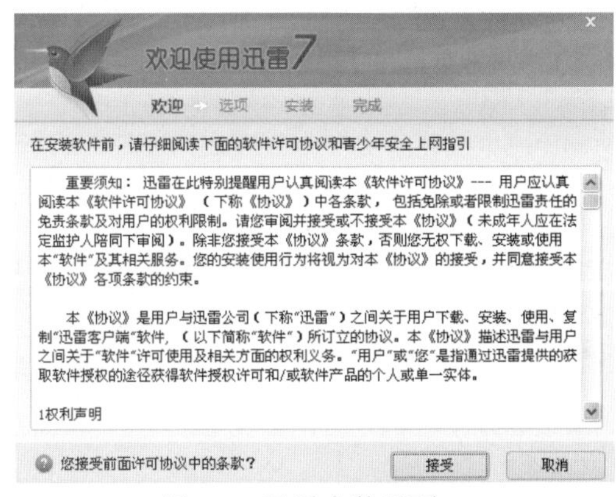

图 2-4　迅雷安装界面

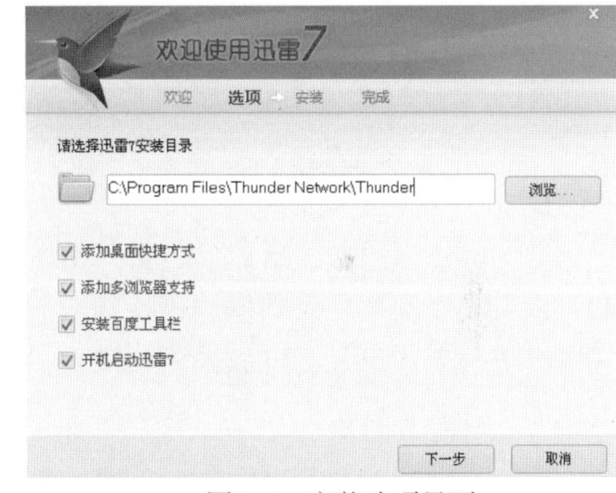

图 2-5　安装选项界面

步骤 3：选择迅雷将要安装到哪个目录下，默认的目录是 C:\Program Files\Thunder Network\Thunder，如果想更改安装目录，则可以单击目录输入文本框右侧的“浏览...”按钮，如图 2-6 所示。

步骤 4：进入安装界面，会看到进度条的增长，如图 2-7 所示。直到迅雷安装完成，将会弹出“精品软件推荐”页面。此页面显示了迅雷推荐的软件和网页，如果不是特别需要，建议去掉这些软件前面的“√”，以阻止这些软件随迅雷的安装而安装，如图 2-8 所示。

步骤5：进入安装完成界面，单击“完成”按钮即可结束安装，如图 2-9 所示。

图 2-6 选择安装目录

图 2-7 正在安装

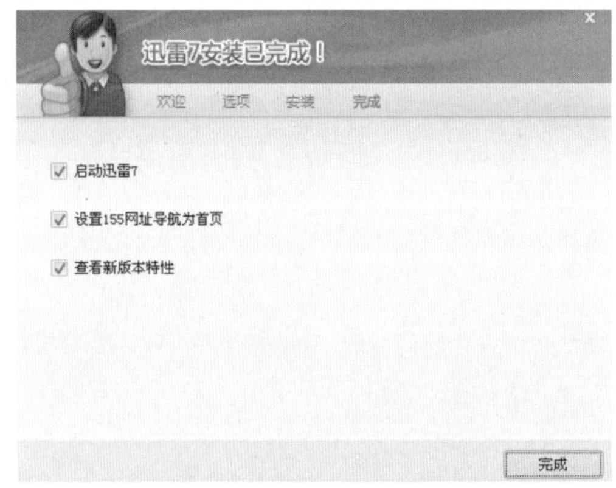

图 2-8 “精品软件推荐”页面

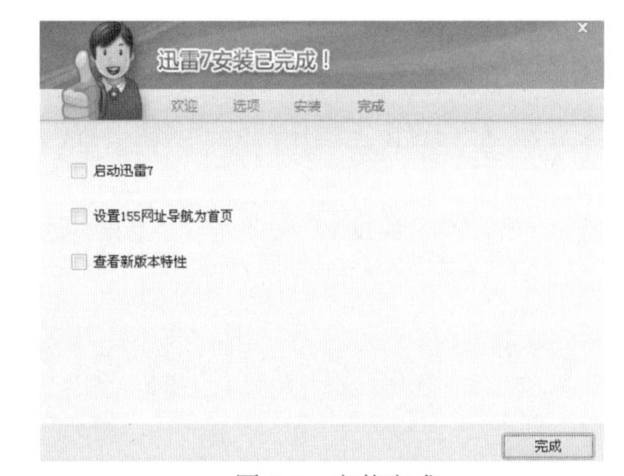

图 2-9 安装完成

完成网际快车的安装后启动迅雷，第一次使用迅雷下载，软件会提示“设置迅雷默认下载目录”，根据需要在对话框中进行相应的设置，默认的下载目录是 C:\ TDDOWNLOAD。如果需要更改下载目录，可以单击“浏览...”按钮进行更改或手动输入一个新的路径完成更改，如图 2-10 所示。

图 2-10 设置下载路径

2.2.2 下载网络资源

安装好迅雷，就可以使用它来下载网上资源了。下面以下载腾讯 QQ 安装程序为例简单介绍使用网际快车下载软件的方法。

步骤1：打开软件下载的网页窗口，如本例打算在腾讯网站下载腾讯 QQ 安装程序，可以先打开腾讯网站，单击网页右边的 QQ 软件，找到 QQ2013 Beta2，直接单击，即可弹出迅雷下载界面，如图 2-11 所示。

图 2-11　迅雷下载界面

步骤 2：在迅雷下载界面中进行相关设置，如选择“存储路径”等，如图 2-12 所示。

图 2-12　设置存储路径

步骤 3：单击“立即下载”按钮后，迅雷开始该软件的下载，可以在操作系统的桌面上看到迅雷的图标已经变成了速率 9.06KB/s 的样子，如图 2-13 所示。

图 2-13　迅雷的图标

这个图标显示了该软件下载的流量值，值越大表示下载的速度越快。

步骤4：下载过程中，如果想知道当前下载数据的详细情况，可以使用鼠标双击图 2-13 所示的图标，此时会弹出迅雷的主界面，如图 2-14 所示。

当前下载的所有软件以及它们各自的大小、下载进度、速度等数据都可以在主界面中看到。

步骤 5：完成下载后，单击主界面中的“完成下载”菜单，会切换到迅雷已经下载完成的所有数据的显示界面。在此，可以找到刚刚下载的腾讯 QQ 安装程序。也可以在下载之前设置的“存储路径”对应路径中找到刚刚下载的数据。

至此，完成了一个数据的下载。

图 2-14　迅雷的主界面

2.3　音/视频播放软件的应用

Windows Media Player 是 Windows 系统自带的一款多功能媒体播放器，不但可以播放 CD、MP3、MAV 和 MIDI 等音频文件，而且还可以播放 AVI、RMVB、WMV、VCD 光盘和 MPEG 等视频文件。除此之外，Windows Media Player 还可以收听全世界范围内的电台广播。

2.3.1　启动 Windows Media Player

在 Windows 操作系统上单击“开始”→“程序”→ Windows Media Player 以启动该款播放器。Windows Media Player 的主界面如图 2-15 所示。

- 播放列表：显示当前正在播放和准备播放的文件。
- 视频播放区域：播放视频时在此区域中显示视频。
- 播放控制区：用于控制音频或视频的播放，播放控制区的多功能项如下所述。
  - 播放：在停止状态下开始播放音频或视频，在播放状态下用于暂时停止播放。
  - 停止：用于停止音频或视频的播放。
  - 上一个、下一个：用于选择播放列表中当前播放文件的上一个文件或下一个文件。
  - 静音：关闭当前播放的音频或视频的声音。
  - 音量：用于调节当前播放音频或视频的声音大小。

- 播放进度条：拖动进度条的滑块可以定位到播放内容的任意位置。

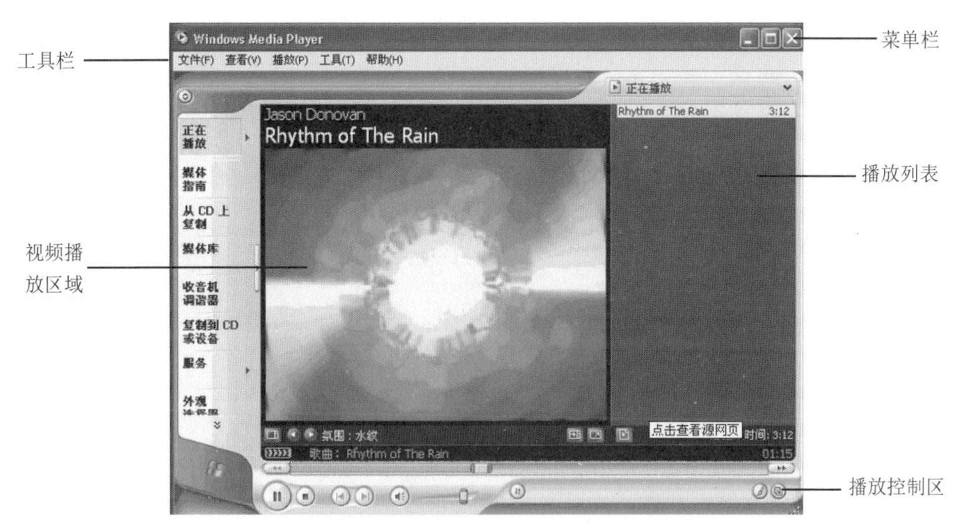

图 2-15　Windows Media Player 的主界面

2.3.2　用 Windows Media Player 播放音/视频

使用 Windows Media Player 可以播放计算机硬盘中多格式的音乐或视频文件。下面介绍播放音乐视频文件的详细步骤。

步骤 1：打开 Windows Media Player。

步骤2：打开“我的电脑”，找到想要播放的音乐或视频文件，将想要播放的文件拖曳到视频播放区域，文件可以立即开始播放，如图 2-16 所示。

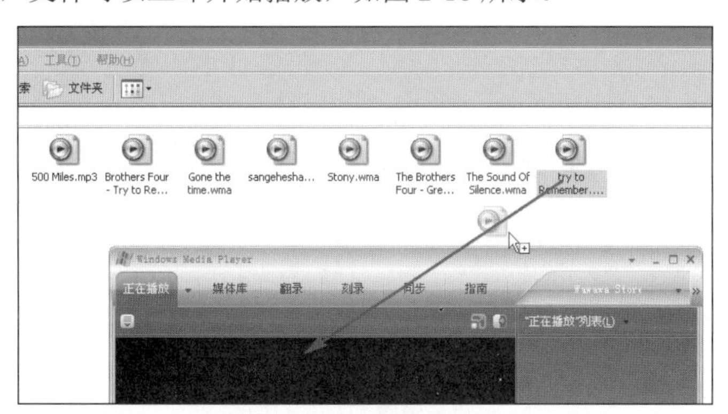

图 2-16　拖曳播放的文件

步骤 3：如果想要播放的音乐或视频文件以 Windows Media Player 的图标显示，可以直接双击该图标，以启动 Windows Media Player 对文件进行播放。

步骤 4：如果 Windows Media Player 已经有一个正在播放的文件，新加入的文件不打算中断正在播放的文件，可以把新加入的文件拖动到右侧的播放列表中。这样在当前文件播放完成后会接着播放新加入的文件，如图 2-17 所示。

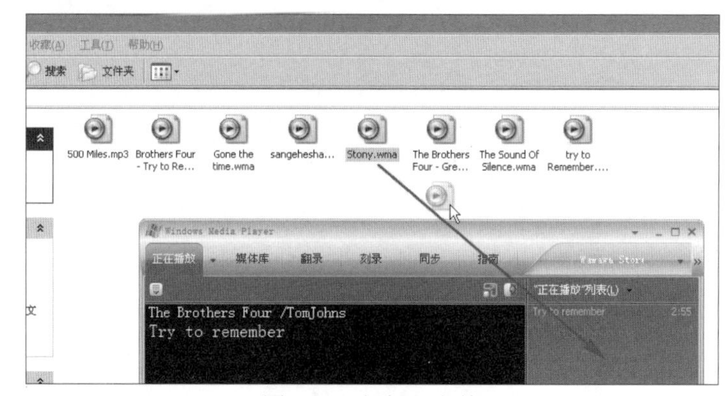

图 2-17　新加入文件

步骤 5：音乐或视频播放的过程中可以通过下面的控制区域对正在播放的文件进行控制，如播放、暂停、停止、调整声音大小等，如图 2-18 和图 2-19 所示。

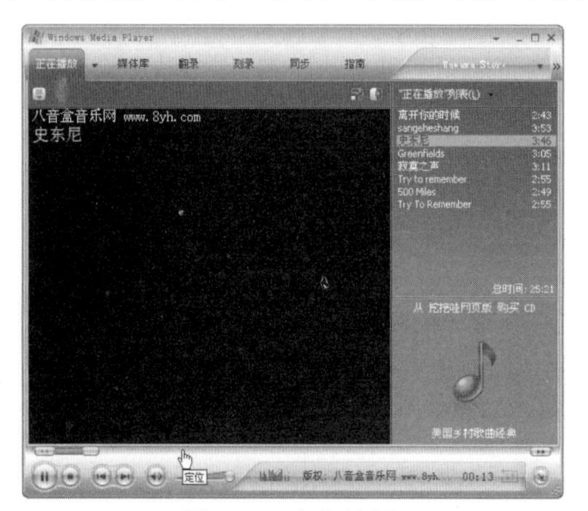

图 2-18　定位控制

图 2-19　暂停控制

2.4　使用 Cool Edit 剪辑音乐

随着手机、计算机、MP3 等音乐设备的普及，人们欣赏音乐的时间和热情都大幅提升。在宴会、舞台表演、公司活动等场合需要定制一段音乐时，使用普通的音乐播放软件是无法实现的。定制一段音乐通常需要一个专业录音棚(包括多轨数码录音机、音乐编辑机、专业合成器等设备)来实现。Syntrillium 软件公司的软件产品 Cool Edit 可以将你的计算机模拟成一座全功能的录音棚，使你几乎不需要增加任何其他的设备，就可以制作出美妙的音乐。

Cool Edit 是一个功能强大的音乐编辑软件，能高质量地完成录音、编辑、合成等多种任务，只要计算机安装了 Cool Edit，也就等于同时拥有了一台多轨数码录音机、一台音乐编辑机和一台专业合成器。

该软件可以非常便捷地对声音进行降噪、扩音、剪接等处理，还可以给它们添加立体环绕、淡入淡出、3D 回响等奇妙音效。

2.4.1　音乐编辑的需求

因节目表演要求，需要将“年会开场曲”进行剪辑。首先将这首 MP3 歌曲中间的一小段音乐删除，然后将余下的部分合并输出成为一首新的 MP3 音乐。以下步骤将介绍如何完成这一剪辑过程。

2.4.2　建立多音轨功能

打开 Cool Edit 软件，在主界面中单击“音轨切换”按钮，将编辑界面切换到多音轨模式，如图 2-20 所示。

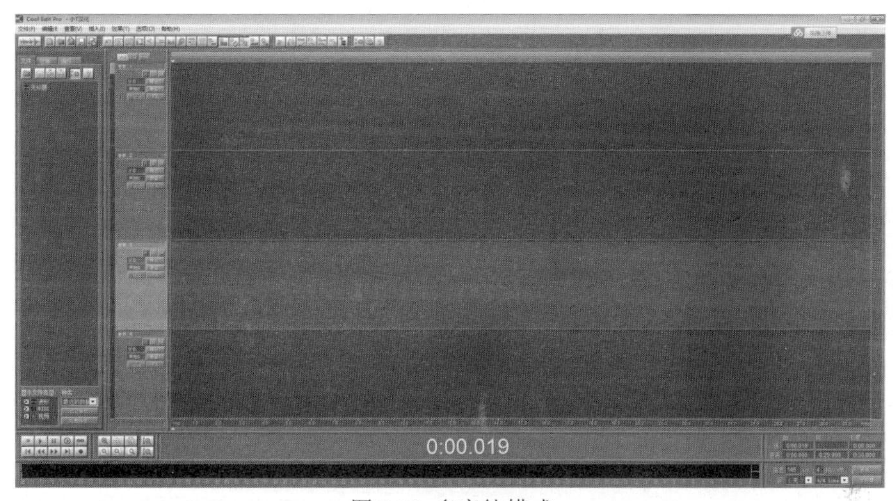

图 2-20　多音轨模式

选择“文件”→“新建工程”命令，弹出音轨设置界面，设置采样率为 44 100Hz，单击“确定”按钮，如图 2-21 所示。

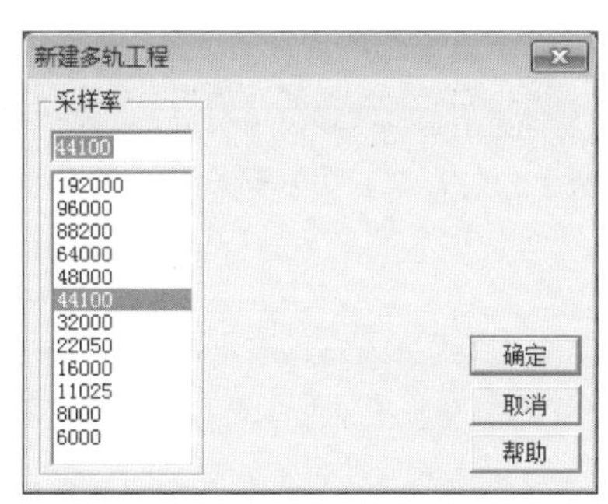

图 2-21　设置采样率

2.4.3　插入音乐

选中音轨 1，选择“插入”→“音频文件”命令进行音乐添加，如图 2-22 所示。

图 2-22　插入音乐文件

在弹出的对话框中选择音频文件所在的目录，选中需要剪辑的音频文件“年会开场曲”，然后单击“打开”按钮，软件就会将音频文件的波形图显示到“音轨 1”中，如图 2-23 所示。

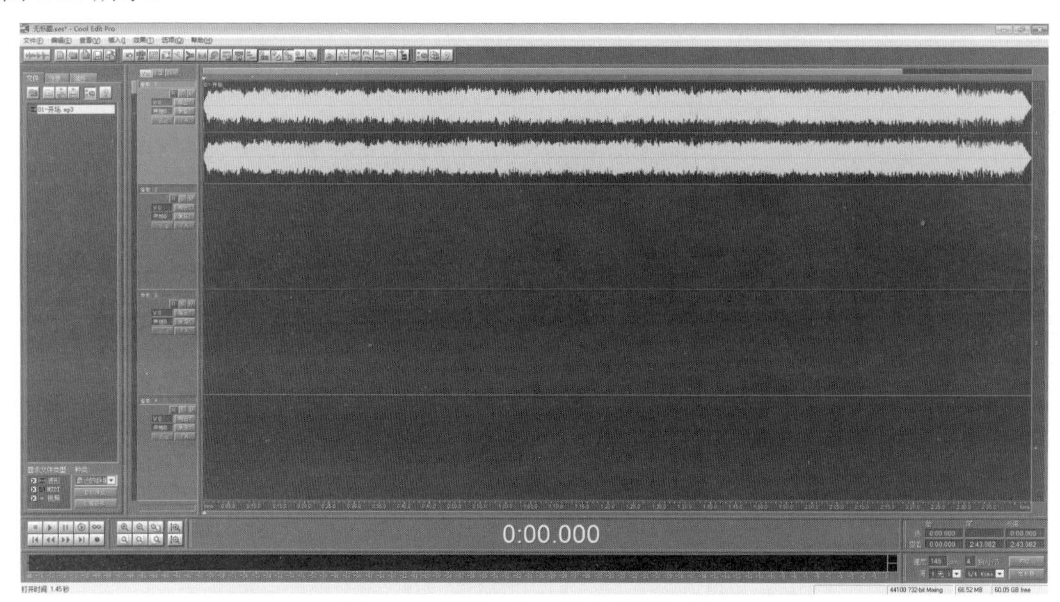

图 2-23　音轨 1 中音频文件的波形图

2.4.4　分割音频

在“音轨 1”中，单击后音轨变色，表示这段音轨被选中了。同时会出现一条黄色的虚线，这条黄线是用来定位时间的，也就是想截取音乐的时间位置。在黄线上右击，从弹出的快捷菜单中选择“分割”命令，可以看到这个波形被分开了。用同样的方法，分割另一个时间位置。这样，一个完整的音乐波形就被分割成了三段音块，如图 2-24 和图 2-25 所示。

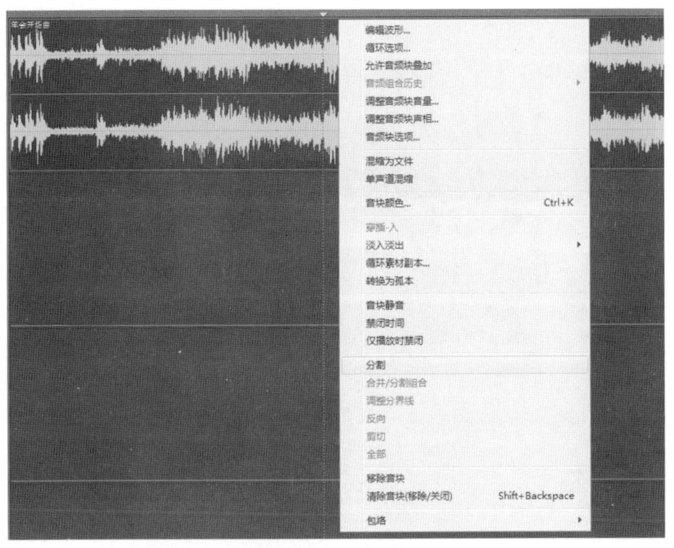

图 2-24　分割音乐

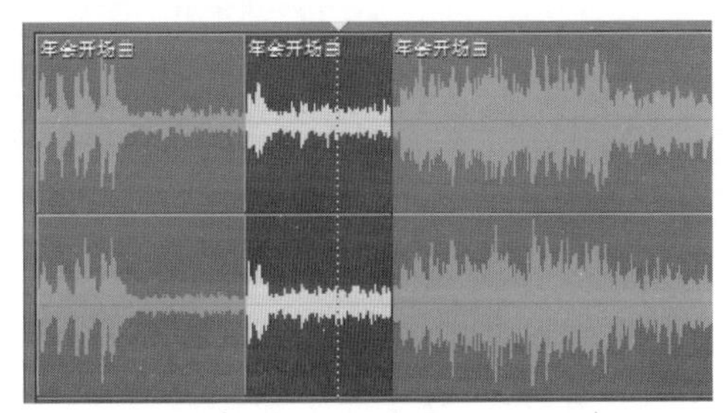

图 2-25　分割为三段音块

2.4.5　删除音块

选中需要删除的音块，右击，在弹出的快捷菜单中选择“移除音块”命令或按 Delete 键，完成音块的删除，如图 2-26 和图 2-27 所示。

图 2-26　“移除音块”命令

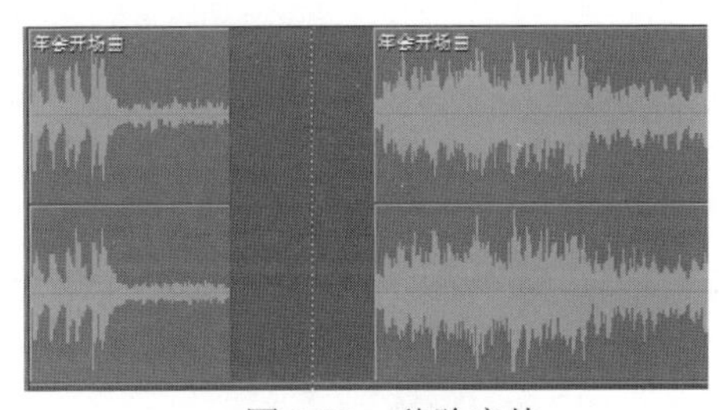

图 2-27　移除音块

2.4.6　调整音块位置

删除一段音乐块后，剩下的两段音乐块并不连续。此时需要将这些保留下来的音块拖动到合适的位置上，使音乐连贯起来。可以通过在音块上单击并按住鼠标右键进行拖动，使两个分开的音乐块连接到一起，如图 2-28 所示。

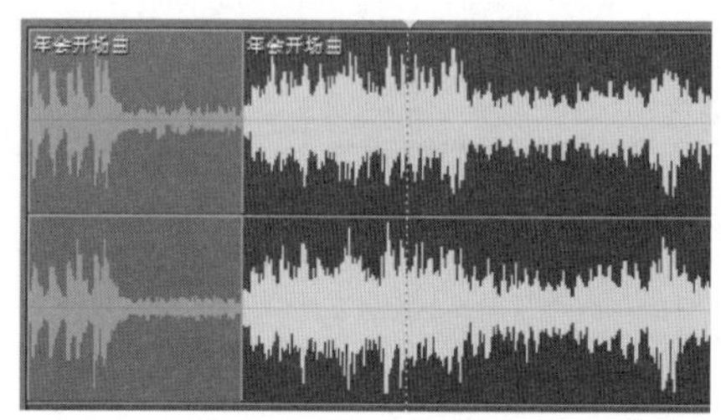

图 2-28　移动音块

2.4.7　试听及输出

方法 1：按键盘上的“空格”键。按一下音乐开始播放，再按一下停止。

方法 2：单击左下角的“播放”“停止”按钮进行音乐试听，如图 2-29 所示。

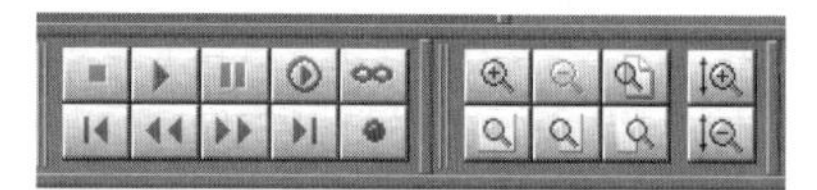

图 2-29　音乐试听

2.4.8　保存音乐

选择“文件”→“混缩另存为”命令，在弹出的对话框中选择音频文件所存放的目录，然后选择保存音乐文件类型(通常使用 MP3 类型)并填写文件名称，单击“保存”按钮，软件就将剪辑好的音乐保存为可播放的音乐文件，如图 2-30 所示。

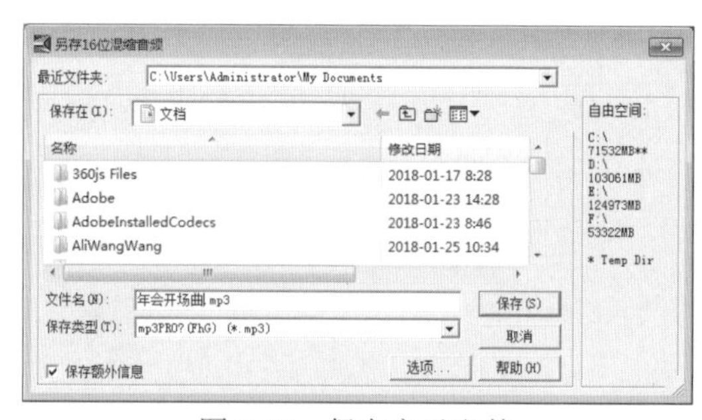

图 2-30　保存音乐文件

2.4.9　保存工程文件

选择“文件”→“保存工程”命令，在弹出的对话框中填写文件名称，单击“保存”按钮，软件就把当前的工程项目保存为一个后缀名为“.ses”的工程文件，如图 2-31 所示。

图 2-31　保存工程文件

工程文件又叫作项目文件。Cool Edit 的工程文件中包含了音乐编辑的原始素材，以及软件对素材进行编辑加工的全部信息。如果对输出的音乐文件(MP3)不满意，可以打开保存的工程文件，在之前工作的基础上进行再加工。

2.5　应用 WinRAR 压缩和解压缩文件

WinRAR 是使用最为广泛的压缩和解压缩工具，具有界面友好、使用方便、压缩率高和速度快等优点，使用它可以将比较大的软件压缩，也可以将压缩的软件解压。本节将介绍使用 WinRAR 创建压缩包、打开压缩文件和解压压缩包的方法。

WinRAR 可以从各大下载网站下载获得。

2.5.1　压缩文件和数据

如果保存在计算机中的文件所占空间太大，可以将文件和数据创建为压缩包存储在计算机磁盘中，这样不但节省了磁盘空间，也便于查找和使用。

步骤 1：右击准备创建压缩包的文件或文件夹，在弹出的快捷菜单中选择“添加到压缩文件”命令，如图 2-32 所示。

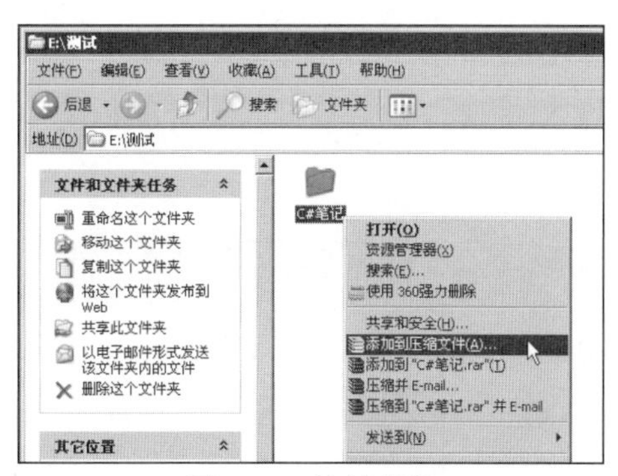

图 2-32　快捷菜单

步骤 2：弹出“压缩文件名和参数”对话框，在“压缩文件名”文本框中输入压缩文件名称，如“C#笔记.rar”，在“压缩文件格式”区域中选中 RAR 单选按钮，单击“确定”按钮，如图 2-33 所示。

步骤3：弹出“正在创建压缩文件”对话框，同时显示压缩文件的进度，压缩完成后，将在磁盘中创建一个压缩文件包文件，如图 2-34 所示。

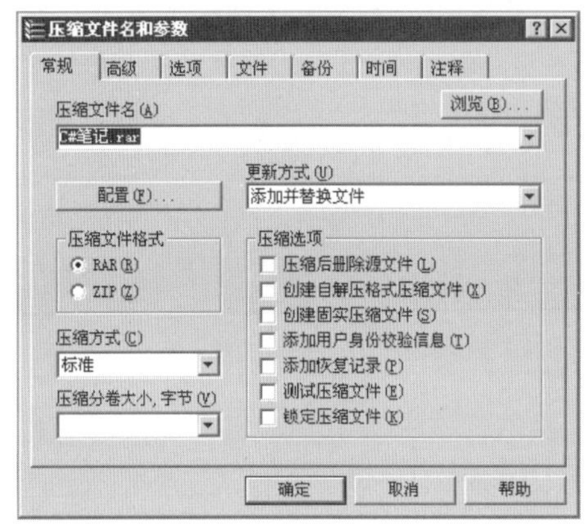

图 2-33 “压缩文件名和参数”对话框

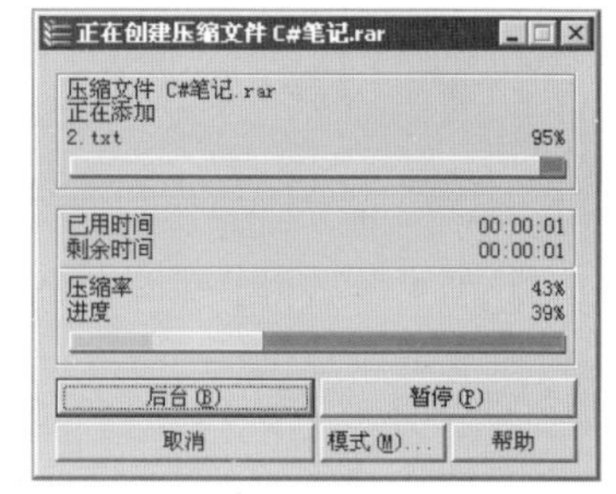

图 2-34 “正在创建压缩文件”对话框

步骤4：压缩完成后在原来文件夹的相同位置会生成一个 RAR 文件，如图 2-35 所示。

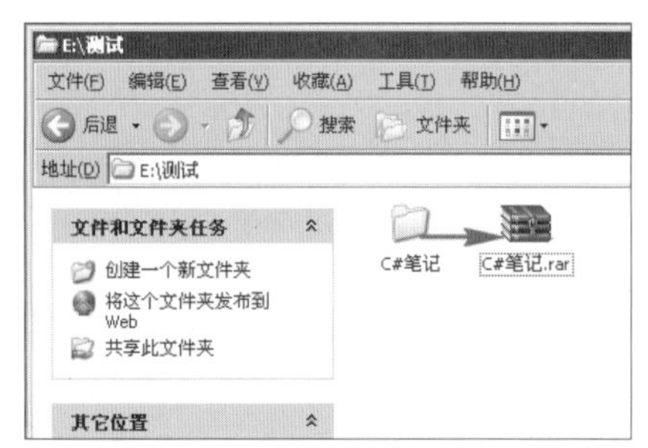

图 2-35 压缩后的 RAR 文件

2.5.2 解压缩文件和数据

使用 WinRAR 解压缩压缩包操作很简单，只需要双击压缩包，在打开的“解压缩”窗口中进行操作即可。可以按照如下所述的具体操作步骤进行操作。

步骤 1：双击准备解压的压缩文件包，打开“文件解压缩”窗口，单击“解压到”按钮，如图 2-36 所示。

步骤2：弹出“解压路径和选项”对话框，如图 2-37 所示，在“目标路径”列表框中选择文件准备保存的文件夹，其他选项可以保持默认值，单击“确定”按钮，弹出“正在从解压”对话框并开始解压，完成后的解压数据将被保存在指定的文件夹中。

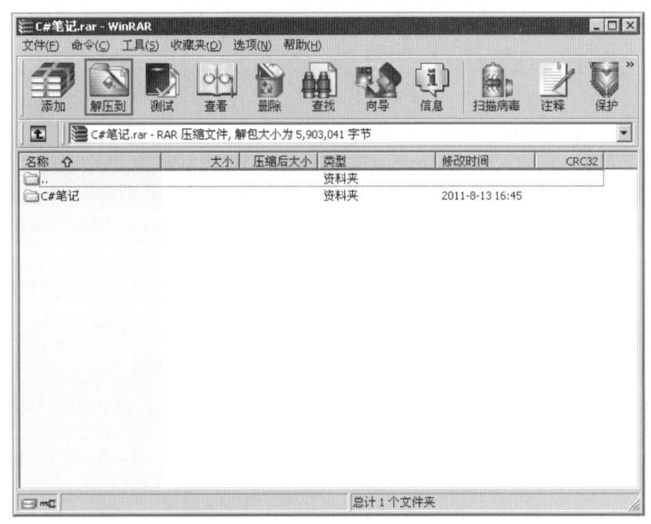

图 2-36　“文件解压缩”窗口

图 2-37　“解压路径和选项”对话框

步骤 3：解压完成后，在设置的目标路径文件夹中可以看到解压后的结果，如图 2-38 所示。

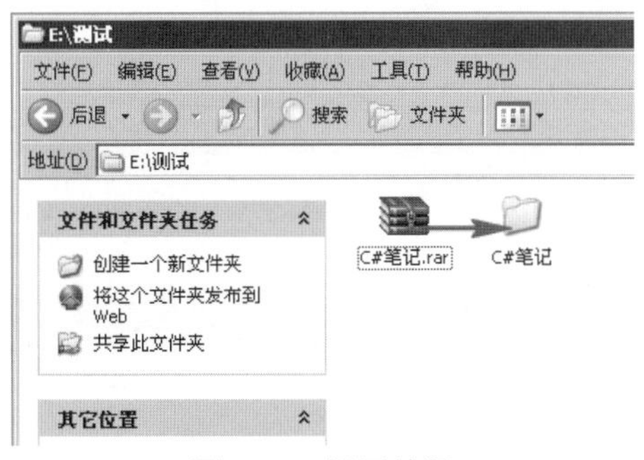

图 2-38　解压结果

2.6 使用数据恢复软件找回丢失的文件

我们每天都在和数据打交道，手机里面的短信、照片、视频，计算机中的Excel和Word文档、电影视频等都是数据。日常生活中因为缺少数据安全意识，常常会发生数据丢失。通常数据丢失的原因有错误的删除操作、病毒破坏、硬盘的物理损坏等。一旦重要的数据丢失，可能会引起不可估量的损失。

当发生数据丢失的情况，还是可以通过数据恢复软件尝试找回的。本书以金山数据恢复专业版 2.0 为例，讲解如何使用数据恢复软件找回丢失的数据。金山数据专业版 2.0 是由金山软件公司开发并推出的产品。其主要功能包括误删文件恢复、误格式化硬盘恢复、U 盘文件丢失恢复、万能恢复等。这些功能可以处理不同的数据丢失。

2.6.1 数据丢失后找回的原理

已经被删除的文件可以恢复吗？是的，软件有可能找到丢失的数据及文件，但是并不是没有失败的可能。在 Windows 操作系统下真正删除一个文件时(如从回收站里面清除一个文件)，并不是从磁盘记录中直接抹去这个文件的所有数据，它只是将这个文件所在的磁盘位置标注为已删除。这样以后当需要使用这些磁盘空间来记录其他数据时，就可以直接写在这些位置上，而不需要保留原来的数据。

假如一个文件被删除之后，它所在的磁盘记录还没有被写入其他数据，那么这个文件的数据其实一直都还存在着，只是操作系统"假装"不认识它们而已。这就是数据恢复软件可以恢复已经被删除的文件的原因。所以，在文件被误删以后，这个文件所在的磁盘分区被写入的数据越少，误删文件被成功恢复的可能性就越高。

发生数据丢失后注意以下几点技巧。

- 假如一个磁盘分区有文件要恢复，尽量不要在这个分区写数据，如在这个分区安装软件、保存文件、复制文件等。
- 请将要恢复的文件保存在另外一个磁盘(或者磁盘分区)中，否则，新写入的数据可能覆盖其他待恢复的文件。
- 在数据丢失后，请关闭所有可以关闭的进程以避免可能的写磁盘操作。有些程序在运行过程中可能会产生大量的临时文件，这些临时文件同样可能会覆盖要恢复的文件。
- 尽量不要在系统盘分区存放重要数据。系统盘(通常 Windows 使用 C 盘作为系统盘)是经常进行频繁读写操作的磁盘分区，因此恢复成功的可能性比放在其他分区要低。

2.6.2 使用软件找回丢失的文件

安装好金山数据恢复软件后，双击快捷方式打开软件主界面，判断文件丢失的原因，然后选择相应的功能选项，如图 2-39 和表 2-1 所示。

图 2-39　金山数据恢复软件界面

表 2-1　功能说明

功能名称	文件丢失原因
误删除文件	恢复因为操作失误，被删除的文件
误格式化硬盘	恢复因为操作失误，硬盘被格式化后丢失的文件
U 盘文件丢失	恢复 U 盘、外置设备恢复，包括手机、相机内存卡等数据丢失情况
误清空回收站	恢复因清空回收站丢失的文件
硬盘分区消失	恢复因分区表损坏造成的文件丢失(看不到原有硬盘分区)
万能恢复	恢复其他各种意外造成的磁盘的文件丢失

例如，在回收站中有一个阿里旺旺的安装程序。当回收站被清空后，在计算机系统中通过正常的操作是无法找回这个程序的，如图 2-40 所示。

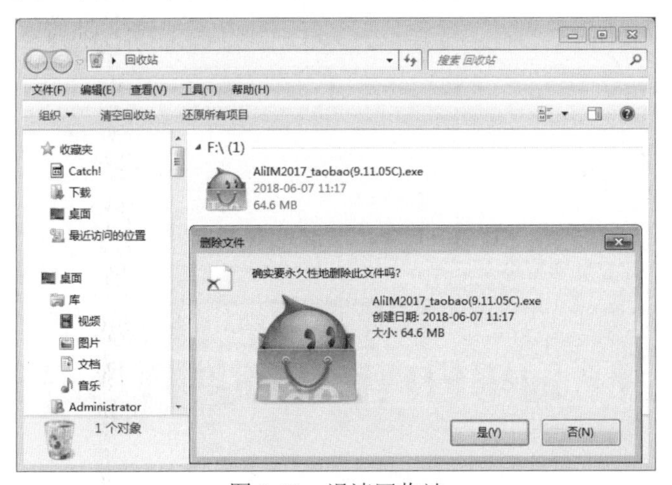

图 2-40　误清回收站

如果想恢复类似这种被回收站清除的文件，可以在金山数据恢复软件中单击“误清回收站”选项。这时软件会彻底地扫描你的磁盘(时间可能比较长)，如图 2-41 所示。

扫描过程结束后，软件会找出很多被回收站清除的文件。可以根据时间、文件类型、文件大小对查询结果进行筛选。还可以在“文件名”栏中进行模糊查询，快速找到丢失的文件。找到文件后，勾选此文件，单击“下一步”按钮，就显示出恢复文件的信息，如图 2-42 所示。

图 2-41　扫描文件

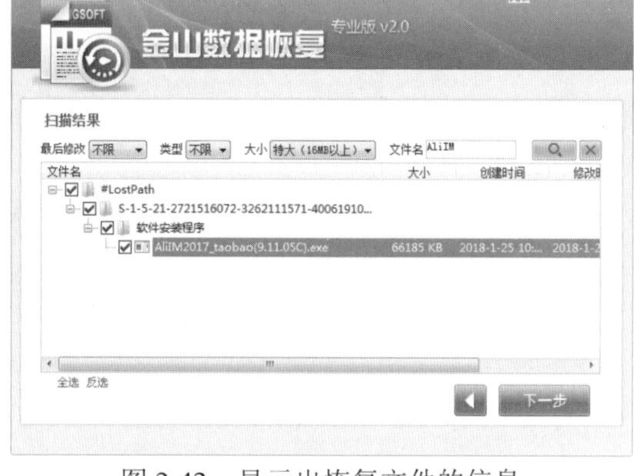

图 2-42　显示出恢复文件的信息

为了提高恢复的准确性，并避免覆盖到硬盘中其他需要恢复的文件，恢复路径不能选择计算机的硬盘，只能将恢复文件存储到另一存储设备中(建议使用 U 盘进行存储)，如图 2-43 所示。

在计算机上插入 U 盘，单击“浏览”按钮，将文件恢复路径选择为 U 盘，单击“下一步”按钮。待进度条走完，软件将提示文件恢复的结果，如图 2-44 所示。

图 2-43　选择恢复路径

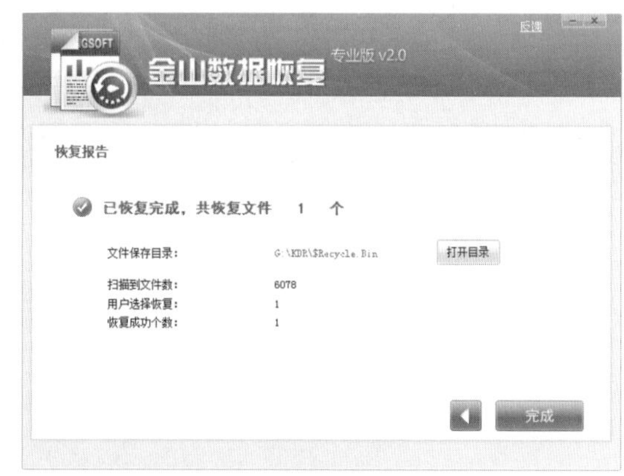

图 2-44　文件恢复完成

2.7　应用日程管理软件规划日程

如今人们的工作和生活节奏变得越来越快，有越来越多的待办事项需要纳入日程安排中。使用滴答清单、朝夕日历等日程管理软件能够协助人们更高效地完成这些待办事项，如工作计划、生日提醒、旅行安排、会议准备等。本书以滴答清单为例来介绍日程管理软件的使用。

2.7.1　注册账户

在浏览器地址栏输入 https://www.dida365.com 登入滴答清单。单击网页右上角的“创建免费账户”填写相关注册信息进行账户注册(或下载手机 APP 进行账户注册)，如图 2-45 所示。

图 2-45　注册账户

2.7.2　创建一次性任务

在工作或生活中，常常因为缺乏计划性导致以下问题。

- 每天都做了些什么？想不起来。
- 做事没计划，导致工作效率低下。
- 答应别人的事情忘了。
- 不知道明天应该做什么。

通过创建一次性任务可以帮助你高效地进行时间规划，并避免遗忘带来的风险和损失。在创建任务前必须准确地定义出任务规划，这样创建完成的任务才会准确地给我们提醒。通常可以根据以下方法来进行任务规划。

任务规划=截止日期+关键人+事件

例如，2018 年 6 月 23 日下午 7 点半(截止日期)，和小明去武汉光谷国际网球中心(关键人)参加张学友演唱会(事件)。

不管工作任务还是生活杂事，都可以用任务规划法定义出相应的任务。

创建这个一次性任务，需要在任务输入框中输入日程内容，然后按 Enter 键，这条一次性任务就在系统中被记录下来。可以看到日期及时间部分的文字变为了蓝色，说明系统自动识别出了日期及时间信息，为任务设置好了提醒时间，如图 2-46 所示。

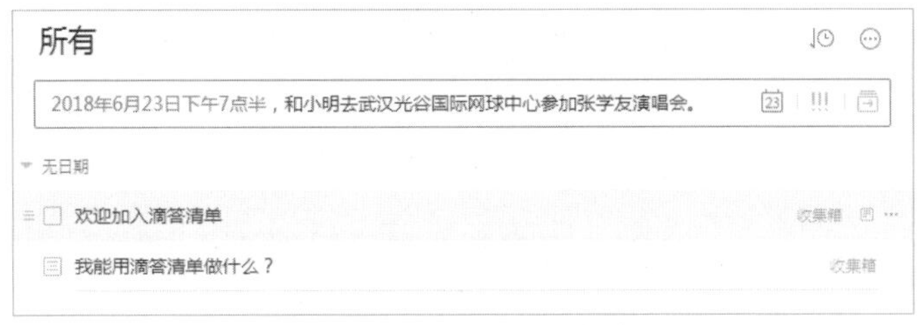

图 2-46　创建一次性任务

2.7.3 设置提醒时间

单击“日历图标” 23，可以看到系统根据文字时间信息，已经预设好了任务的提醒时间，如图 2-47 所示。

但是考虑到出发去演唱会的路程需要花费30分钟时间，所以可以把“准时提醒”变更为提前1小时提醒，如图2-48所示。

图 2-47　设置提醒时间

图 2-48　设置提前 1 小时提醒

2.7.4 创建重复任务

根据重复周期的不同，重复性任务可以分为每天、每周、每月、每年重复等。以下是莫扎特的作息时间表，根据这个时间表可以为他设置每天重复性的任务，如图 2-49 所示。

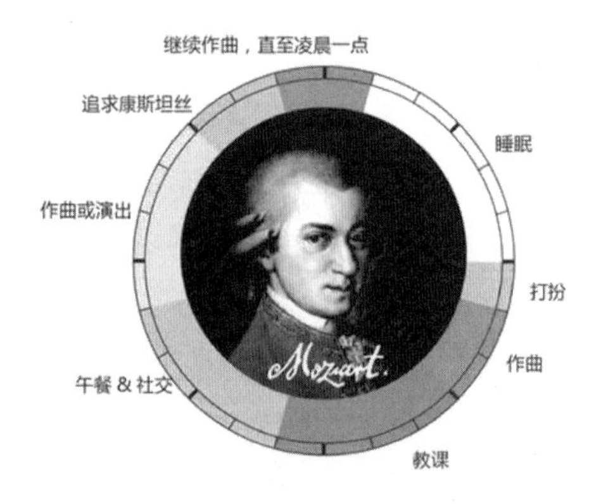

图 2-49　莫扎特作息时间表

重复任务 1：每天上午 7 点起床开始梳洗打扮，如图 2-50 所示。

图 2-50　设置重复任务 1

在任务输入框中输入“每天上午 7 点起床开始梳洗打扮”后按 Enter 键，可以发现输入框中的部分文字“每天上午 7 点”变为蓝色。说明系统智能识别了这段时间信息，并设置了一个每日重复的提醒。

重复任务 2：下午 2 点在萨尔茨堡的酒馆吃午餐，并与其他音乐家进行交流，如图 2-51 所示。

图 2-51　设置重复任务 2

因为这段文字中没有提到重复周期“每天”这类信息，所以需要手动进行重复周期的设置。单击“日历控件”弹出设置对话框。单击“设置重复”按钮，并设置重复周期为“每天”。最后单击“确定”按钮完成设置提醒，如图 2-52 所示。

图 2-52　设置每日重复提醒

重复设置可以大大提高创建任务的效率。家人、朋友的生日可以设置为每年重复提醒。信用卡还款可自定义每月 15 日重复提醒。当重复任务建立完成后，就不需要再为记性不好、计划性差担心了。系统会在合适的时间准确地告诉你接下来有哪些任务需要进行处理。

2.7.5 完成任务

常用的日程管理软件都支持跨平台使用。不论使用的是手机、平板电脑还是桌面计算机，它都能将所有任务即时同步到不同客户端。

任务提醒将在所有的登入设备上生效。当提醒响起后，可以根据具体情况单击“暂缓”“完成”按钮，当单击“完成”按钮后任务将完成本次提醒，如图 2-53 所示。

当单击“暂缓”按钮时则需要根据实际情况，设置再次提醒的时间，如图 2-54 所示。

图 2-53 任务提醒

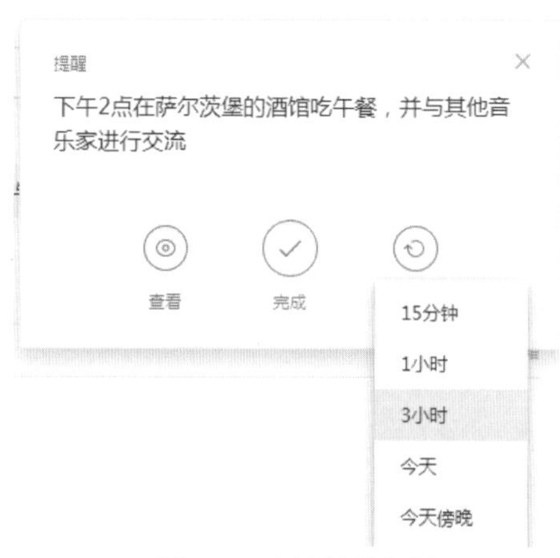

图 2-54 设置暂缓时间

【单元小结】

- 了解常用软件的安装
- 掌握常用工具软件的使用
- 理解常用软件的共性

【单元自测】

1. 软件通常分为系统软件和(　　)。

   A. 工具软件　　B. 应用软件

   C. 编译软件　　D. 办公软件

2. 暴风影音属于(　　)常用工具。

   A. 系统类　　B. 图像类

   C. 多媒体类　　D. 网络类

3. 退出软件的方法比较简单，以下几种方法中，不能正常退出软件的是( )。
   A. 单击标题栏右上角的“×”
   B. 在标题栏上双击
   C. 双击标题栏左侧的图标
   D. 在标题栏上右击，在弹出的快捷菜单中选择“关闭”命令
4. 一般情况下，WinRAR 压缩文件夹的后缀通常为( )。
   A. .gif B. .zip
   C. .rar D. .bmp
5. 在对计算机病毒进行防治的方法中，下面描述不当的是( )。
   A. 加强管理 B. 从技术上防治
   C. 用清洗剂清洗计算机 D. 加强法律约束

【上机实战】

上机目标

- 掌握 Windows 操作系统自带的常用软件
- 掌握 WinRAR 压缩文件的加密
- 理解常用工具软件的共性并学会举一反三

上机练习

◆ 第一阶段 ◆

练习 1：使用“计算器”

【问题描述】

一台已经安装好 Windows 操作系统的计算机，随 Windows 操作系统的安装而安装了很多工具软件，这些工具软件为平时的使用提供了极大的方便。例如，可以利用 Windows 操作系统自带的计算器进行常规计算、科学计算和转换等。

【参考步骤】

启动 Windows 操作系统后，单击“开始”→“程序”→“附件”→“计算器”选项，可以打开 Windows 操作系统自带的计算器，如图 2-55 所示。

在这个计算器中，可以进行常规的数学计算，如输入“123*456=”后显示计算结果为 56088。数字的输入可以用鼠标单击界面上的按钮实现，也可以使用计算机小键盘右侧的“+”“－”“*”“/”“=”，以及单击数据键来实现。

选择“查看”→“科学型”命令，将当前的计算器变成科学计算器，如图 2-56 所示。

图 2-55　计算器

图 2-56　科学计算器

在科学计算器中可以进行常用的科学计算，默认选择的值的形式是“十进制”“角度”值。例如，输入 30，单击 sin，显示 0.5。

如果要进行进制转换，可以在“十进制”选择的情况下，输入一个数字值，如输入 255，然后选择“二进制”，随即显示 11111111，也就是 255 的二进制值是 11111111。

练习 2：使用“画图”

【参考步骤】

启动 Windows 操作系统后，单击“开始”→“程序”→“附件”→“画图”选项，可以打开 Windows 操作系统自带的画图板，如图 2-57 所示。

在画图的主界面上会自动打开一个未保存的白纸，主界面的左侧有常用的绘图工具，可以单击使用。

选择“文件”→“打开”命令，可以打开一个图片文件，利用画图工具可以对该图片文件做简单的说明，如图 2-58 所示。

画图工具可以对图片做一些简单的修改或者绘制一些简单的图形。但是复杂图形图像的修改及平面设计不会使用这些工具。

图 2-57　画图板

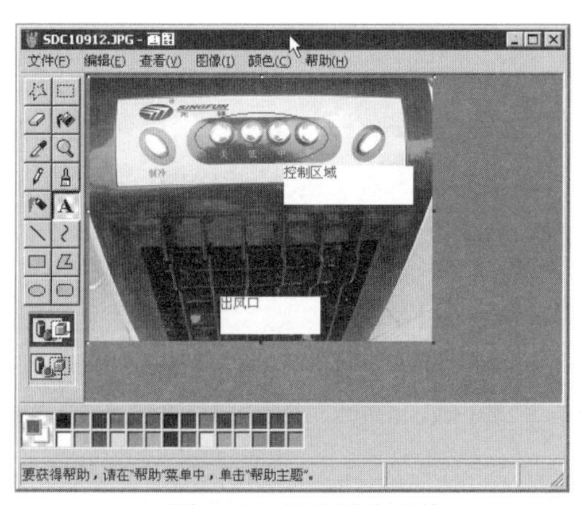

图 2-58　打开图片文件

练习 3：使用 WinRAR 给压缩文件加密

WinRAR 除了可以给文件加密，还可以给加密的文件增加密码，这样，当使用者打开加密了的压缩文件时，是需要输入相符合的密码的，如果没有密码，这个压缩文件将无法打开。步骤如下。

(1) 右击要压缩的文件夹，从弹出的快捷菜单中选择“添加到压缩文件”命令，在弹出的“压缩文件名和参数”对话框中选择“高级”选项卡，如图 2-59 所示。

(2) 单击“设置密码”按钮，弹出“带密码压缩”对话框，输入打算加密的密码，如 123456，然后单击“确定”按钮，如图 2-60 所示。

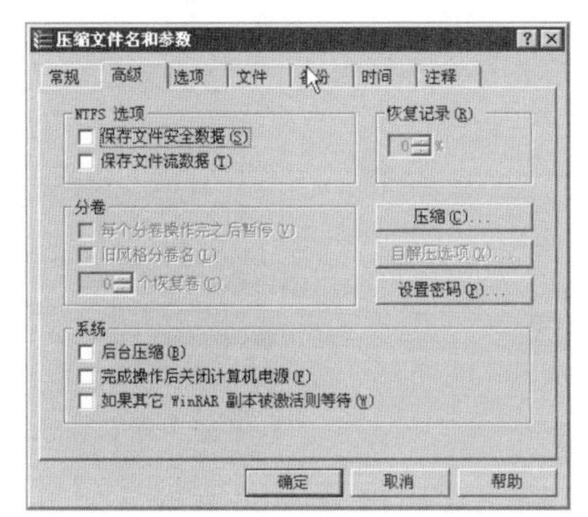

图 2-59　“高级”选项卡

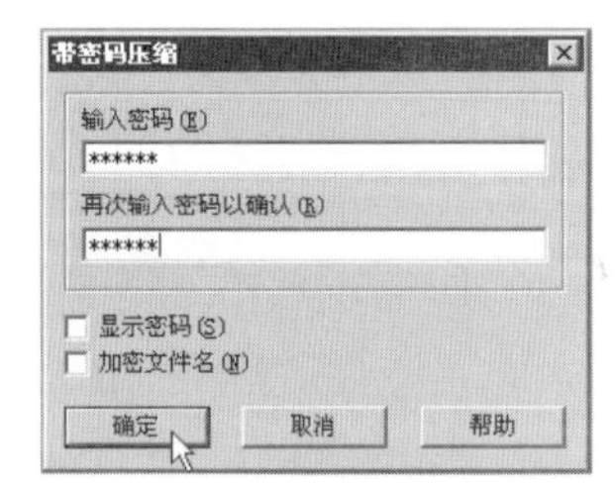

图 2-60　“带密码压缩”对话框

(3) 回到“压缩文件名和参数”对话框，单击“确定”按钮，压缩开始，完成后的压缩文件就是一个加密了的压缩文件。使用者如果要使用这个加密了的压缩文件，在解压缩或打开文件时将会被提示要求输入密码。

◆ 第二阶段 ◆

练习：使用“写字板”

在 Windows 操作系统中单击“开始”→“程序”→“附件”→“写字板”选项，练习使用写字板。用以下文本，输出成如图 2-61 所示的样式，并打印输出。

Windows 操作系统概述

Windows 系列操作系统是现如今个人计算机上使用最为广泛的操作系统之一。其第一个版本 Windows 1.0 于 1985 年面世，其本质为基于 MS-DOS 系统之上的图形用户界面的 16 位系统软件，但其同时具有许多操作系统的特点。Windows 1.X 和 Windows 2.X 的市场反应不是很好，并未占据大量的市场份额。但从 Windows 3.X 开始，Windows 操作系统逐渐成为使用最为广泛的桌面操作系统之一。从 Windows 3.0 开始，Windows 系统提供了对 32 位 API 的有限支持。1995 年 8 月 24 日发售的 Windows 95 则是一个混合的 16 位/32 位 Windows 系统，其仍然基于 DOS 核心，但也引入了部分 32 位操作系统的特性，具有一定的 32 位操作系统的处理能力。与此同时，微软开发了 Windows NT 核心，并在 2000 年 2 月发布了基于 NT 5.0 核心的 Windows 2000，正式取消了对 DOS 的支持，成为纯粹的 32

位操作系统。微软又于 2001 年发布了 Windows 2000 的改进型号——Windows XP，大幅度增强了操作系统的易用性，成为最成功的操作系统之一，直到 2012 年，其市场占有率也只是降至第二。2006 年年底，微软发布了基于 NT 6.0 核心的新一代操作系统 Windows Vista，提供了新的图形界面 Windows Aero，大幅度提高了操作系统的安全性，但市场反应惨淡，其市场份额始终未超过 Windows XP。为了挽回市场形象，微软于 2009 年推出了 Windows Vista 的改进型 Windows 7，重新获得了成功。之后，2012 年微软推出了支持 ARM CPU，取消了“开始”菜单，带有 Metro 界面的 Windows 8 以抵御 iPad 等平板电脑对 Windows 地位的影响。但效果令广大消费者不满意，微软决定在 2013 年 6 月 23 日发布 Windows 8.1 开发者预览版，此版本为 Windows 8 的改进版本，恢复了“开始”菜单。

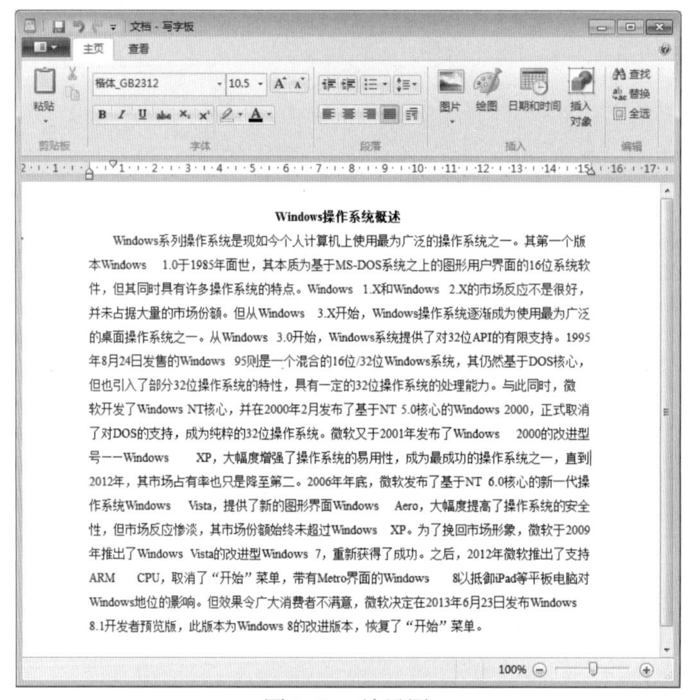

Windows操作系统概述

Windows系列操作系统是现如今个人计算机上使用最为广泛的操作系统之一。其第一个版本Windows 1.0于1985年面世，其本质为基于MS-DOS系统之上的图形用户界面的16位系统软件，但其同时具有许多操作系统的特点。Windows 1.X和Windows 2.X的市场反应不是很好，并未占据大量的市场份额。但从Windows 3.X开始，Windows操作系统逐渐成为使用最为广泛的桌面操作系统之一。从Windows 3.0开始，Windows系统提供了对32位API的有限支持。1995年8月24日发售的Windows 95则是一个混合的16位/32位Windows系统，其仍然基于DOS核心，但也引入了部分32位操作系统的特性，具有一定的32位操作系统的处理能力。与此同时，微软开发了Windows NT核心，并在2000年2月发布了基于NT 5.0核心的Windows 2000，正式取消了对DOS的支持，成为纯粹的32位操作系统。微软又于2001年发布了Windows 2000的改进型号——Windows XP，大幅度增强了操作系统的易用性，成为最成功的操作系统之一，直到2012年，其市场占有率也只是降至第二。2006年年底，微软发布了基于NT 6.0核心的新一代操作系统Windows Vista，提供了新的图形界面Windows Aero，大幅度提高了操作系统的安全性，但市场反应惨淡，其市场份额始终未超过Windows XP。为了挽回市场形象，微软于2009年推出了Windows Vista的改进型Windows 7，重新获得了成功。之后，2012年微软推出了支持ARM CPU，取消了“开始”菜单，带有Metro界面的Windows 8以抵御iPad等平板电脑对Windows地位的影响。但效果令广大消费者不满意，微软决定在2013年6月23日发布Windows 8.1开发者预览版，此版本为Windows 8的改进版本，恢复了“开始”菜单。

图 2-61 效果图

【拓展作业】

1. 如何打开第一阶段练习 3 中已经加密的压缩文件？
2. 下载一个“暴风影音”，并尝试使用它。

单元 三

认识计算机操作系统

课程目标

- 了解操作系统
- 了解文件系统
- 掌握常用 DOS 命令
- 掌握常用 Windows 操作

简 介

操作系统(Operating System，OS)是控制其他程序运行、管理系统资源，并为用户提供操作界面的系统软件的集合。

在计算机系统中，操作系统占据着重要地位，它位于硬件和用户之间，一方面它向用户提供接口，方便用户使用计算机；另一方面它能够管理计算机硬件、软件资源，以便合理充分地利用系统资源。其他所有的软件如汇编程序、编译程序、数据库管理系统等系统软件，以及大量的应用软件都将依赖于操作系统的支持，取得它的服务。

我们都知道，计算机是一种机器，它只能理解电脉冲所形成的二进制数据，而如何告诉计算机我们需要它做什么呢？用自己的语言告诉它行不行？显然不行，我们需要一种方式或一种接口，该接口将我们发出的指令转换为计算机能够理解的语言，于是出现了操作系统。

操作系统不仅可以协调各种硬件之间的工作，还可以控制应用程序的执行，如 Word、Excel、PowerPoint、QQ、MSN、IE 等。

3.1 操作系统的功能

操作系统的主要功能是资源管理、程序控制和人机交互等。计算机系统的资源可分为设备资源和信息资源两大类。设备资源指的是组成计算机的硬件设备，如中央处理器、主存储器、磁盘存储器、打印机、磁带存储器、显示器、键盘输入设备和鼠标等。信息资源指的是存放于计算机内的各种数据，如文件、程序库、知识库、系统软件和应用软件等。

3.1.1 资源管理

资源管理是操作系统的一项主要任务，而控制程序执行、扩充机器功能、屏蔽使用细节、方便用户使用、组织合理工作流程、改善人机界面等，都可以从资源管理的角度去理解。下面就从资源管理的观点来认识操作系统所具备的几个主要管理功能。

(1) 处理器管理。

(2) 存储管理。

(3) 设备管理。

(4) 文件管理。

(5) 网络与通信管理。

(6) 用户接口。

3.1.2 程序控制

一个用户程序的执行自始至终都是在操作系统控制下进行的。用户将他要解决的问题用某一种程序设计语言编写了一个程序后，将该程序连同对它执行的要求输入计算机内，操作系统根据要求控制这个用户程序的执行直到结束。

程序控制关键的部件是处理器，对处理器的管理归结为进程和线程的管理，其包括：①进程控制和管理；②进程同步和互斥；③进程通信；④进程死锁；⑤处理器调度，又分高级调度、中级调度、低级调度等；⑥线程控制和管理。

3.1.3　人机交互

操作系统的人机交互功能是决定计算机系统“友善性”的一个重要因素。人机交互功能主要靠可输入输出的外部设备和相应的软件来完成。可供人机交互使用的设备主要有键盘显示、鼠标、各种模式识别设备等。与这些设备相应的软件就是操作系统提供人机交互功能的部分。人机交互部分的主要作用是控制有关设备的运行和理解，并执行通过人机交互设备传来的有关的各种命令和要求。早期的人机交互设备是键盘显示器。操作员通过键盘输入命令，操作系统接到命令后立即执行，并将结果通过显示器显示。输入的命令可以有不同方式，但每一条命令的解释是清楚的、唯一的。

人机交互是操作系统提供的一组友好的用户接口，其接口包括程序接口、命令接口、图形接口。

3.2　操作系统的分类

操作系统可按多种方式进行分类，其中的一些方式有：根据使用操作系统的用户数量来分类；根据操作系统提供的用户界面来分类。

3.2.1　用户数量

根据使用操作系统的用户数量，操作系统可分为单用户系统和多用户系统。

(1) 单用户系统。

如果计算机只为一个用户提供服务，该系统就称为单用户操作系统，如MS-DOS(Microsoft-Disk Operating System，微软磁盘操作系统)。

(2) 多用户系统。

如果计算机能为多个用户提供服务，允许按不同用户身份登录或允许同时多个用户登录则称为多用户操作系统，如 Windows 2003 或者 Linux。

3.2.2　用户界面

用户通过界面与计算机进行交互。用户界面包含以下两种类型。

1. 基于字符的用户界面

基于字符的用户界面是只显示文本字符的界面。要与计算机进行交互，就必须输入一组称为命令的指令。基于字符的用户界面最常见的是MS-DOS。

基于字符的用户界面有以下几个缺点。

(1) 需要记忆很多命令。

(2) 错误处理能力差。

(3) 对计算机的操作必须通过键盘来完成。

2. 图形用户界面

图形用户界面(GUI)是利用屏幕上的图标、菜单和对话框来表示程序、文件和选项。可以使用鼠标选择来使用这些组件。图形用户界面最常见的有Microsoft Windows。

3.3 MS-DOS 操作系统

从1981年问世至今，DOS经历了7次大的版本升级，从1.0版到现在的7.0版，不断地改进和完善。但是，DOS系统的单用户、单任务、字符界面和16位的大格局没有变化，因此它对于内存的管理也局限在640KB的范围内。

DOS最初是为IBM-PC开发的操作系统，因此它对硬件平台的要求很低，即使对于DOS 6.0这样的高版本，在640KB内存、40MB硬盘、80286处理器的环境下也可正常运行，因此DOS系统既适合于高档微机使用，又适合于低档微机使用。

常用的DOS有3种不同的品牌，它们是Microsoft公司的MS-DOS、IBM公司的PC-DOS以及Novell公司的DR-DOS。这3种DOS都是兼容的，但仍有一些区别，3种DOS中使用最多的是MS-DOS。

DOS系统的一个最大优势是它支持众多的通用软件，如各种语言处理程序、数据库管理系统、文字处理软件、电子表格等。而且围绕DOS开发了很多应用软件系统，如财务、人事、统计、交通、医院等各种管理系统。鉴于这个原因，尽管DOS已经不能适应32位机的硬件系统，但是仍广泛流行，而且在未来的几年内也不会很快被淘汰。

3.3.1 命令解释器

由于现在的计算机中已经很少使用DOS系统，所以一般都是使用Windows操作系统中附带的命令提示符窗口，或叫DOS窗口。

要启动Windows 2003中的命令提示符窗口，可选择“开始”→“运行”命令，然后输入cmd。此时将出现一个显示命令提示符的界面。

3.3.2　常用 DOS 命令

下面列出了一些常用的 DOS 命令。这些命令可在命令提示符下输入，不区分大小写，所有“[]”中的部分称为参数，有些命令的参数是可选择部分，但有些命令必须带有参数才能使用，不同的参数会使命令产生一些不同的效果。

(1) help：为 DOS 命令提供帮助信息。

```
help [command]
```

[command]表示需要查询帮助信息的命令名称，写哪个命令就会得到哪个命令的帮助。例如，输入 help dir 则可以查看到 dir 命令的帮助。

(2) dir：显示一个目录下的文件和子目录列表以及文件的详细资料。

```
dir [drive:] [path] [/p] [/q] [/s]
```

[drive:]表示驱动器名称。

[path]表示目录路径。

[/p]表示分页显示目录内容。

[/q]Windows 是多用户操作系统，使用此参数即“DIR/Q”文件、目录时，将显示出文件、目录的用户属性。

[/s]表示显示当前目录及其子目录中所有文件的列表。

(3) copy：将一个或多个文件复制到另一个位置。

```
copy [filename] [destination path]
```

[filename]表示要复制的文件名。

[destination path]表示将文件复制到的驱动器名称或文件夹名称。

(4) move：将文件或目录从一个位置移动到另一个位置。

```
move [filename] [destination]
```

[filename]表示要移动的文件名。

[destination]表示将文件移动到的路径或文件夹名称。

(5) md 或 mkdir：新建目录。

```
md [drive:] [path] [directoryname]
```

[drive:]表示驱动器名称。

[path]表示即将创建的目录的路径。

[directoryname]表示所要创建的目录的名称，此参数必须要有。

(6) cd：改变当前目录。

```
cd [dir name] [\] [..]
```

[dir name]用于指定目录的名称。

[\]表示转到根目录。

[..]表示退至上一级目录。

(7) del：删除目录中的文件。

```
del [filename]
```

[filename]表示要删除的文件。

(8) ren：文件重命名。

```
ren [filename] [newfilename]
```

[filename]表示文件的原始名称。

[newfilename]表示指定给文件的新名称。

(9) rd 或 rmdir：删除目录。

```
rd [directoryname]
```

[directoryname]表示要删除的目录的名称。

3.4 图形用户界面系统

用户与设计良好的图形用户界面进行交互比学习复杂的命令语言更容易。例如，当用户看到“打印”字样的按钮时，可明白单击该按钮即可打印文件。基于图形用户界面的操作系统包括 Windows 95、Windows NT、Mac OS、Windows 2000、Windows XP、Windows 2003、Windows Vista 等。

3.5 文件系统

文件系统是操作系统用于明确磁盘或分区上的文件的方法和数据结构，即在磁盘上组织文件的方法，也指用于存储文件的磁盘或分区，或文件系统种类。磁盘或分区和它所包括的文件系统的不同是很重要的。大部分程序基于文件系统进行操作，在不同种文件系统上不能工作。一个分区或磁盘能作为文件系统使用前，需要初始化，并将记录数据结构写到磁盘上，这个过程就叫建立文件系统。文件系统具有以下类型。

1. FAT16 文件系统

很多操作系统支持 FAT16(16 位文件分配表)文件系统，其兼容性最好，但分区最大只能到2GB，且空间浪费现象比较严重。并且由于 FAT16 文件系统是单用户文件系统，因此不具有任何安全性及不支持长文件名。

2. FAT32 文件系统

微软公司推出的一种新的文件分区模式 FAT32 采用了 32 位的文件分配表，使管理硬盘的能力得到极大的提高，轻易地突破了 FAT16 对磁盘分区容量的限制，达到了创纪录的2000GB，从而使得我们无论使用多大的硬盘都可以将它们定义为一个分区，极大地方便了广大用户对磁盘的综合管理。更重要的是，在一个分区不超过 8GB 的前提下，FAT32 分区每个簇的容量都固定为 4KB，这就比 FAT16 要小了许多，从而使得磁盘的利用率得到极大的提高。FAT32 是现在比较常用的分区格式，像 Windows 9X、Windows ME、Windows 2000、Windows XP 等操作系统均支持此分区格式。

3. NTFS 文件系统

NTFS 是 Windows NT 所采用的一种磁盘分区方式，它虽然也存在着兼容性不好的问题(目前仅有 Windows NT、Windows 2000、Windows XP 等操作系统才支持 NTFS，其他如 DOS、Windows 9X、Windows ME 等操作系统都不支持)，但它的安全性及稳定性却非常好。NTFS分区对用户权限做出了非常严格的限制，每个用户都只能按照系统赋予的权限进行操作，任何试图超越权限的操作都将被系统禁止，同时它还提供了容错结构日志，可以将用户的操作全部记录下来，从而保护了系统的安全。另外，NTFS 还具有文件级修复及热修复功能，分区格式稳定，不易产生文件碎片等优点，这些都是 FAT 分区格式所不具备的。这些优点进一步增强了系统的安全性。由于 NTFS 的簇最大只有 4KB，因此它是最有效利用磁盘空间的文件系统。

3.6　Windows 文件管理

计算机可以用来存储数据，那么如何能够准确地找到需要用到的数据(如照片、电影、音乐等)呢？计算机将这些数据保存在相应的文件中。

为了更方便地组织和管理大量文件，可以使用文件夹。文件夹中可存放文件和子文件夹，子文件夹中可以存放子文件夹，这种包含关系使得 Windows 中的所有文件夹形成一种树形结构，如图 3-1 所示的资源管理器的左窗口。桌面相当于文件夹树形结构的“根”，根下面的系统文件夹有“我的文档”“我的电脑”“网上邻居”和“回收站”，如图 3-1 所示。

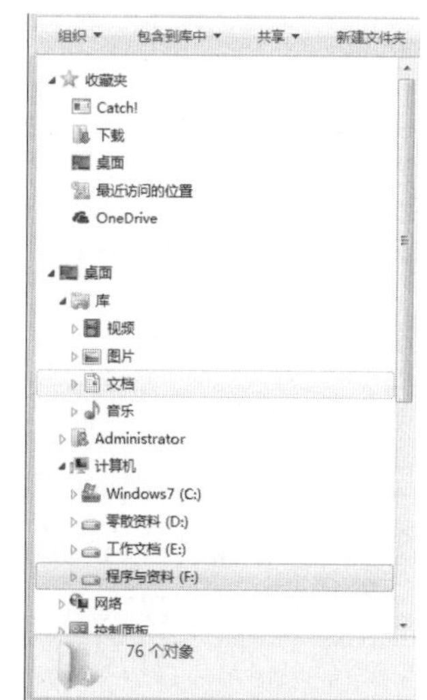

图 3-1　资源管理器的左窗口

3.6.1　Windows 资源管理器

Windows 利用资源管理器实现对系统软、硬件资源的管理。它使用户在需要时能轻松地访问并使用计算机中的所有文件。

1. 打开资源管理器的方法

打开资源管理器有以下 3 种方法。

(1) 在“我的电脑”或其他任何一个文件夹图标上右击，从弹出的快捷菜单中选择“资源管理器”命令。

(2) 在“开始”按钮上右击，从弹出的快捷菜单中选择“资源管理器”命令。

(3) 选择“开始”→“程序”→“附件”→“Windows 资源管理器”命令，打开如图 3-2 所示的资源管理器窗口。

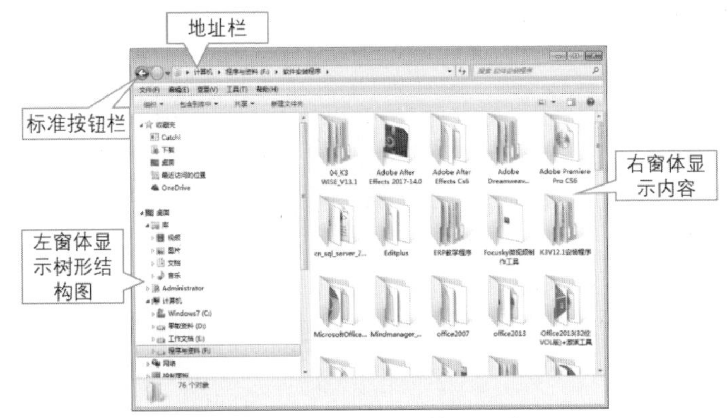

图 3-2　Windows 资源管理器窗口

2. 资源管理器窗口的组成

前面介绍了一般窗口的组成元素，而资源管理器的窗口更具代表性，也更能体现Windows的特点。资源管理器窗口中除一般窗口的元素(如标题栏、菜单栏、状态栏等)外，还有功能丰富的工具栏。

资源管理器的工作区分成左、右两个窗口，左、右窗口中间有分隔条，鼠标指向分隔条成为双向箭头时，可拖动鼠标改变左、右两窗口的大小。

状态栏中可显示选定对象所占用的磁盘空间以及磁盘空间剩余情况等信息。

资源管理器的工具栏有“标准按钮栏”“地址栏”等。

(1) “标准按钮栏”中有若干个形象的工具图标按钮，提供了对资源管理器某些常用菜单命令的快捷访问。

(2) “地址栏”中详细列出了用户访问的当前文件夹的路径。地址栏为用户访问自己计算机的资源和网络的资源提供了很大的方便，它的操作方法如下。

① 用户可以在地址栏的文本框中输入一个新的路径，然后按 Enter 键，资源管理器将自动按新的路径定位当前文件夹。

② 单击地址栏右边的向下箭头，从下拉列表中选择一个新的位置。

③ 如果用户计算机正在连接上网，可以在地址栏中输入一个 Web 地址，按 Enter 键，Windows 提供的网络功能将按地址自动在网上寻找对应的站点。

④ 如果用户计算机正在连接上网，可以在地址栏中输入一个关键词，按 Enter 键，Windows 提供的网络功能将按关键词在网上寻找对应的站点。

资源管理器工作区的右窗口中显示着当前文件夹(在左窗口中选定的)中的内容，所以也常常称为“当前文件夹内容框”，或简称为“文件夹内容框”。

资源管理器的许多操作是针对选定的文件夹或文件进行的，因此展开文件夹、折叠文件夹、选定文件夹或文件成为它的基础操作。

(1) 展开文件夹。

在资源管理器的左窗口中，一个文件夹的左边有“+”符号时，表示它有下一级文件夹。单击这个“+”号，可使其在左窗口中展开下一级文件夹；若双击这种文件夹的图标，同样可使其在左窗口中展开下一级文件夹，同时将使该文件夹成为当前文件夹。

(2) 折叠文件夹。

在资源管理器的左窗口中，一个文件夹的左边有“-”符号时，表示它在左窗口中展开了下一级文件夹。单击这个“-”号，可令其将下一级文件夹折叠起来；同样，双击文件夹图标，也可折叠文件夹，并使其成为当前文件夹。

(3) 选定文件夹。

当需要选定的文件夹出现在左窗口中时，单击这个文件夹的图标，便选定了这个文件夹，这时该文件夹即是所谓的“当前文件夹”。在左窗口中选定文件夹，常常是为了在右窗口中展开它所包含的内容。若需要选定的文件夹在右窗口中，指向它便可以选定它，在右窗口中选定文件夹，常常是准备对文件夹做进一步的操作，如复制、删除等。

(4) 选定文件。

首先要使目标文件显示在右窗口中，然后用鼠标指向这个文件的图标即可。如果要选定几个连续的文件，可将鼠标指向第一个文件，按住 Shift 键再移动鼠标指向最后一个文件；如果要选定几个不连续的文件，可将鼠标指向某一个文件，按住 Ctrl 键再移动鼠标指向其他文件。

3.6.2　文件与文件夹的管理

1. 新建文件或文件夹

(1) 在桌面上和任一文件夹中新建文件或文件夹。

在桌面的空白位置上右击，从弹出的快捷菜单中选择“新建”命令，出现其下一层菜单，如图 3-3 所示。若要新建一个文件(如 Microsoft Word 文档)，则将鼠标指向在“新建”的下一层菜单中的“Microsoft Word 文档”，单击，立即会在桌面上生成一个“新建 Microsoft Word 文档”图标，双击该图标可启动 Word，并展开新文档的窗口，进入创建文档内容的过程。若要新建一个文件夹，则将鼠标指向在“新建”的下一层菜单中的“文件夹”，单击，立即会在桌面上生成一个名为“新建文件夹”的图标。

在打开的任一文件夹中的空白位置上右击，也将出现类似图 3-3 所示的快捷菜单，新建文件或文件夹的方法与在桌面上的操作完全相同。

(2) 利用资源管理器在特定文件夹中新建文件或文件夹。

在资源管理器左窗口中选定该文件夹，在右窗口中右击，也将出现快捷菜单，新建文件或文件夹的方法与前面所述相同。

(3) 启动应用程序后新建文件。

这是新建文件的最普遍的办法。启动一个特定应用程序后立即进入创建新文件的过程，或从应用程序的“文件”菜单中选择“新建”命令来新建一个文件，如图3-3所示。

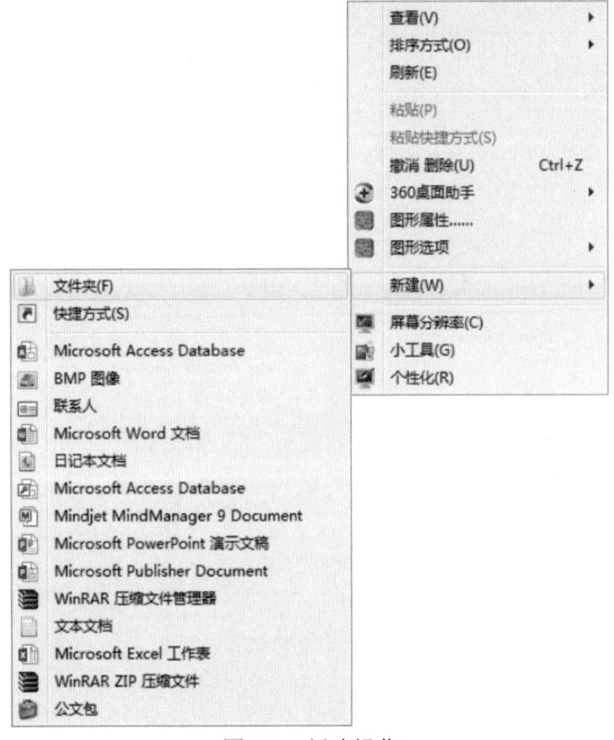

图3-3 新建操作

2. 打开文件夹的方法

(1) 将鼠标指向文件夹的图标，双击。

(2) 在文件夹的图标上右击，从弹出的快捷菜单中选择“打开”命令。

3. 打开文档文件的方法

(1) 将鼠标指向文档文件的图标,双击便可以启动创建这个文件的Windows应用程序，并在文档窗口中展开这个文件的内容。

(2) 在文档文件的图标上右击，从弹出的快捷菜单中选择“打开”命令，同样可以启动创建这个文件的Windows应用程序，并在文档窗口中展开这个文件的内容。

(3) 拖动文档文件的图标，放到与它相关联的应用程序上，也可以启动应用程序并打开文档文件。

非文档文件是非Windows应用程序创建的文件。在这种文件图标上右击，从弹出的快捷菜单中选择“打开”命令，将出现如图3-4所示的窗口，为它选择要使用的应用程序后，单击“确定”按钮。但即使这样，有时也不能完整展现这个文件的全貌。

图 3-4　“打开方式”窗口

4. 文件或文件夹的更名方法

从文件或文件夹的快捷菜单中选择“重命名”命令，文件或文件夹图标下的标识名框进入可编辑状态，输入新文件名后，按 Enter 键。

5. 文件或文件夹的移动方法

(1) 利用快捷菜单。

将鼠标指向文件或文件夹图标并右击，从弹出的快捷菜单中选择“剪切”命令(执行“剪切”命令后，图标将显示暗淡)，定位目的位置，在目的位置的空白处右击，从弹出的快捷菜单中选择“粘贴”命令，便可以完成文件或文件夹的移动。

在文件夹窗口或资源管理器窗口中，利用“编辑”→“剪切”命令和“编辑”→“粘贴”命令，按照上述方法，同样可以实现项目的移动。

(2) 利用快捷键。

选定文件或文件夹，按 Ctrl+X 键，执行剪切；到目的位置，按 Ctrl+V 键，执行粘贴。

(3) 鼠标拖动法。

在桌面或资源管理器中均可以利用鼠标的拖动操作，完成文件或文件夹的移动。若在同一驱动器内移动文件或文件夹，则直接拖动选定的文件或文件夹图标，到目的文件夹的图标处，释放鼠标键即可；若移动文件或文件夹到另一驱动器的文件夹中，则拖动时需按住 Shift 键。这种方法不适于长距离的移动。

6. 文件与文件夹的复制方法

(1) 利用快捷菜单。

将鼠标指向文件或文件夹图标并右击，从弹出的快捷菜单中选择“复制”命令，定位目的位置(可以是别的文件夹或当前文件夹)，在目的位置的空白处右击，从弹出的快捷菜单中选择“粘贴”命令，便可以完成文件或文件夹的复制。

在文件夹窗口或资源管理器窗口中，利用“编辑”→“复制”命令和“编辑”→“粘贴”命令，按照上述方法，同样可以实现项目的复制。

(2) 利用快捷键。

选定文件或文件夹，按 Ctrl+C 键，执行复制；到目的位置，按 Ctrl+V 键，执行粘贴。

(3) 鼠标拖动法。

在桌面或资源管理器中均可以利用鼠标的拖动操作，完成文件或文件夹的复制。若复制文件或文件夹到另一驱动器的文件夹中，则直接拖动选定的文件或文件夹图标，到目的文件夹的图标处，释放鼠标键即可；若复制文件或文件夹到同一驱动器的不同文件夹中，则拖动时需按住 Ctrl 键。这种方法不适用长距离的复制。

7. 文件或文件夹的删除

从文件或文件夹的快捷菜单中选择“删除”命令，文件或文件夹将被存放到“回收站”中。在“回收站”中再次执行删除操作，才真正将文件或文件夹从计算机的外存中删除。

删除文件或文件夹还可以用鼠标将它们直接拖放到“回收站”中。如果拖动文件或文件夹到“回收站”的同时按住了 Shift 键，则从计算机中直接删除该项目，而不暂存到“回收站”中。

8. 被删除的文件或文件夹的恢复方法

(1) 在文件夹或资源管理器窗口可以执行撤销命令。

(2) 打开回收站，选定准备恢复的项目，从快捷菜单中选择“还原”命令，将它们恢复到原位。

9. 文件或文件夹属性的查看与设置

要了解文件或文件夹的有关属性，可以从文件或文件夹的快捷菜单中选择“属性”命令，出现如图 3-5 或图 3-6 所示的窗口。

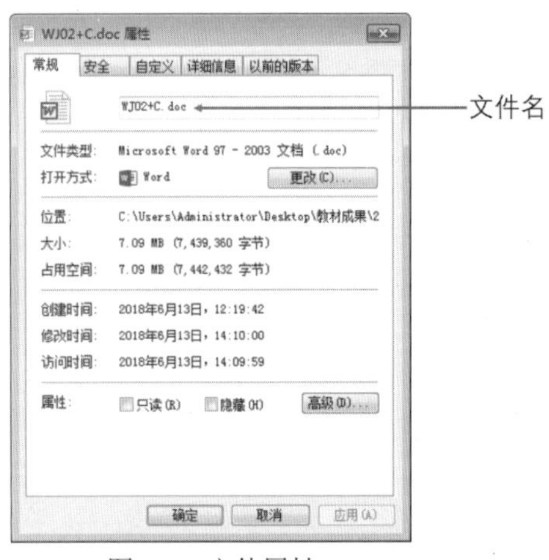

图 3-5　文件属性

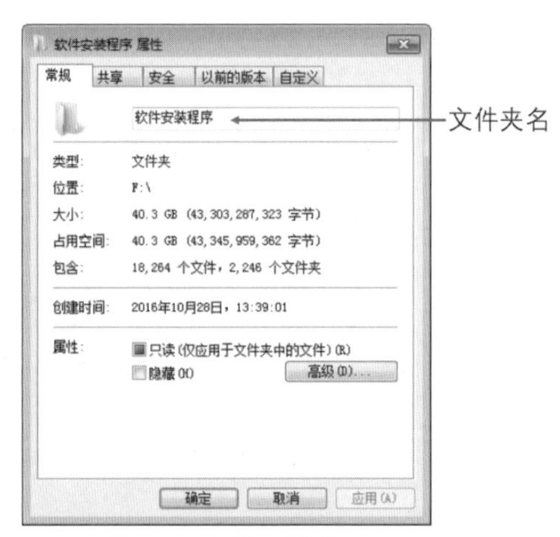

图 3-6　文件夹属性

从图 3-5 中可以看出，文件的“常规”选项卡包括文件名、文件类型、文件打开方式、文件存放位置、文件大小、创建和修改时间、文件属性等。而文件属性有只读、隐藏两种。

(1) 只读属性。设定此属性后可防止文件被修改。

(2) 隐藏属性。一般情况下，有此属性的文件将不出现在桌面、文件夹或资源管理器中。

这两种属性均表示了文件的重要性。

利用“常规”选项卡“属性”栏的复选框，可以设置文件的属性。

文件夹属性窗口“常规”选项卡的内容基本与文件相同，而“共享”选项卡可以设置该文件夹是否成为网络上共享的资源。

3.7　磁盘管理

在“我的电脑”或“资源管理器”窗口中，想了解某磁盘的有关信息，可右击其图标，从弹出的快捷菜单中选择“属性”命令，在属性窗口的“常规”选项卡(如图 3-7 所示)中可以了解磁盘的类型、卷标(可在此修改卷标)、采用的文件系统(NTFS 或 FAT32)，以及空间使用等情况。单击“常规”选项卡中的“磁盘清理”按钮，可以启动磁盘清理程序。

属性窗口的“工具”选项卡(如图 3-8 所示)实际上提供了 3 种磁盘维护操作。

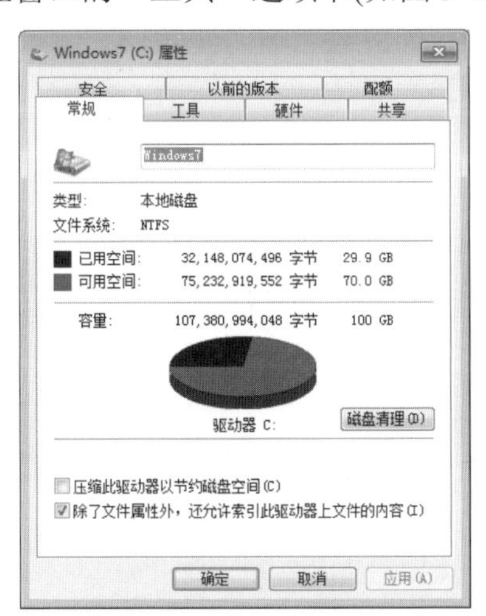

图 3-7　磁盘属性

图 3-8　磁盘工具

3.8　任务管理

3.8.1　任务管理器简介

1. 任务管理器的作用

任务管理器可以向用户提供正在计算机上运行的程序和进程的相关信息。一般用户主要使用任务管理器来快速查看正在运行的程序的状态，或者终止已停止响应的程序，或者切换程序，或者运行新的任务。利用任务管理器还可以查看 CPU 和内存使用情况的图形表示等。

2. 任务管理器的打开

右击任务栏，从弹出的快捷菜单中选择“任务管理器”命令，打开如图 3-9 所示的“任务管理器”窗口。

在任务管理器的“应用程序”选项卡中，列出了当前正在运行中的应用程序名；在“性能”选项卡中显示了 CPU 和内存的使用情况图形。

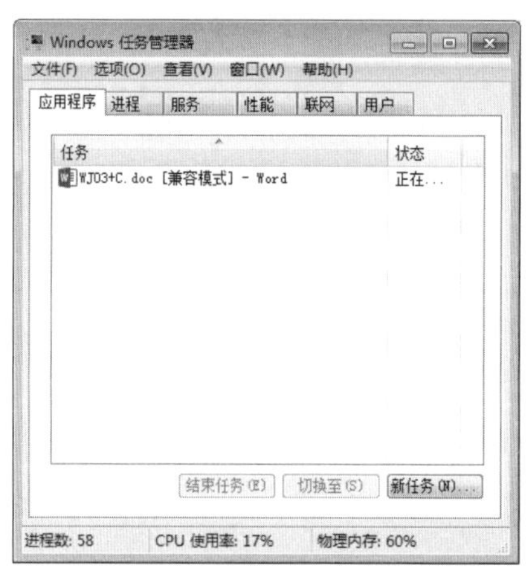

图 3-9　“任务管理器”窗口

3.8.2　应用程序的有关操作

这里对应用程序的启动、切换、关闭、菜单和命令的使用等操作进行小结，另外介绍一些其他的有关操作。

1. 应用程序的启动

(1) 利用“开始”菜单的“程序”菜单项中的快捷方式。

(2) 利用桌面或任务栏或文件夹中的应用程序快捷方式，或直接选择应用程序图标。选择方法也有多种：单击目标；从目标的快捷菜单中选择“打开”命令；选定目标后选择“文件”→“打开”命令。

(3) 利用“开始”菜单中的“运行”菜单项。

(4) 利用任务管理器，在任务管理器的“应用程序”选项卡中单击“新任务”按钮，在“打开”文本框中输入要运行的程序名，单击“确定”按钮。

2. 应用程序之间的切换

(1) 利用任务栏活动任务区中的按钮。

(2) 利用 Alt+Tab 组合键。

(3) 在任务管理器的“应用程序”选项卡中选定要切换的程序名，单击“切换至”按钮。

3. 关闭应用程序与结束任务

关闭应用程序通常指正常结束一个程序的运行，方法有以下几种。

(1) 按 Alt+F4 组合键。

(2) 单击窗口中的关闭按钮，或选择“文件”→“退出”命令。

(3) 双击控制菜单按钮，或单击控制菜单按钮后，选择“关闭”命令。

结束任务的操作通常指结束运行不正常的程序的运行，可以利用任务管理器。在任务管理器的“应用程序”选项卡中选定要结束任务的程序名，然后单击“结束任务”按钮。如果利用早期 Windows 版本中所提供的 Ctrl+Alt+Del 组合键结束不正常任务的方法，也必须从出现的对话框中选择任务管理器来结束任务。

4. 添加 Windows 功能

在控制面板中双击“程序和功能”项，从弹出的窗体中选择“打开或关闭Windows功能”选项，如图3-10所示。通过勾选功能名称前的复选框，可以打开一些不常用的Windows功能。

图 3-10　添加新功能

5. 删除无用程序

在控制面板中双击“程序和功能”选项，在出现的“卸载或更改程序”窗口中双击需要卸载的应用程序，如图 3-11 所示。

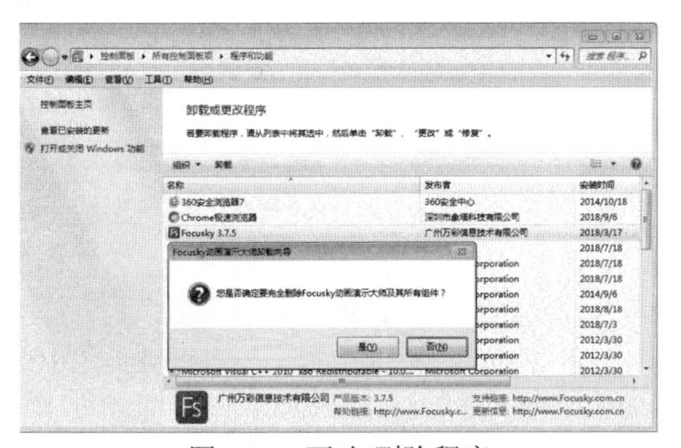

图 3-11　更改/删除程序

系统会弹出提示窗体，让用户确认是否要卸载这款应用程序。

3.9 输入法管理与使用

输入法作为最常用的软件常常会给我们带来很多麻烦。例如，经常使用的输入法失踪了；安装了一种新的输入法但是无法使用；每次进行文字输入时都需要切换好几次，才能找到想使用的输入法。通过本节输入法管理的学习可以解决以上问题。

3.9.1 默认输入法的设置

通常 Windows 操作系统会将 En(English)作为默认输入法。作为使用中文的用户，可以将默认输入法 En 换成更常用的搜狗拼音输入法或其他中文输入法。首先在“控制面板”找到“区域和语言”功能图标，如图 3-12 所示。

图 3-12 “区域和语言”功能图标

双击“区域和语言”图标，在弹出的“区域和语言”对话框中选择“键盘和语言”选项卡，如图3-13所示。

图 3-13 “键盘和语言”选项卡

单击“更改键盘”按钮，弹出“文本服务和输入语言”对话框，在“默认输入语言”列表框中选择“搜狗拼音输入法”，即可完成设置，如图 3-14 所示。

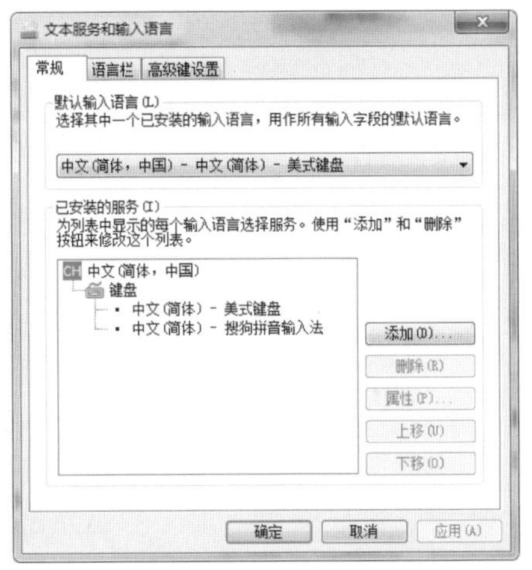

图 3-14　“文本服务和输入语言”对话框

3.9.2　删除输入法

通常计算机中只需要保留常用的输入法，为了避免在使用输入法时来回切换和合理利用计算机资源，可以将不常用的输入法删除。具体操作如下。

在“文本服务和输入语言”对话框的“已安装的服务”面板中，选中要删除的输入法，然后单击“删除”按钮，如图 3-15 所示。

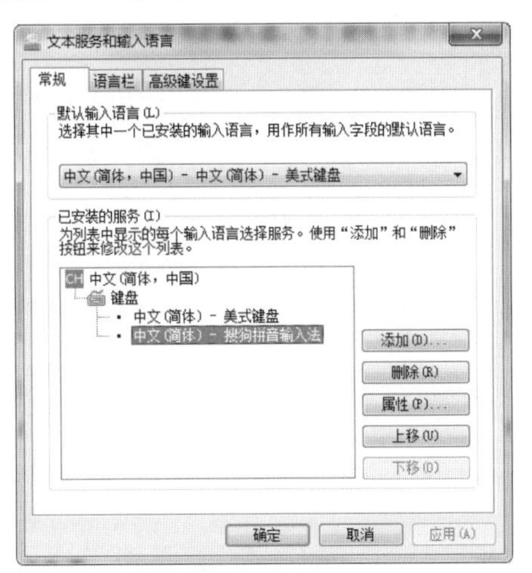

图 3-15　删除输入法

3.9.3　切换输入法

在日常使用输入法的过程中经常需要对输入法进行切换以便使用不同的输入法。通常可以使用快捷键 Ctrl+“C 空格”进行切换。有时候快捷键被修改，使我们无法进行输入法切换。可以在“文本服务和输入语言”对话框中选择“高级键设置”选项卡，选择“中文(简体)输入法-输入法/非输入法切换”，单击下方的“更改按键顺序”按钮进行修改，如图 3-16 所示。

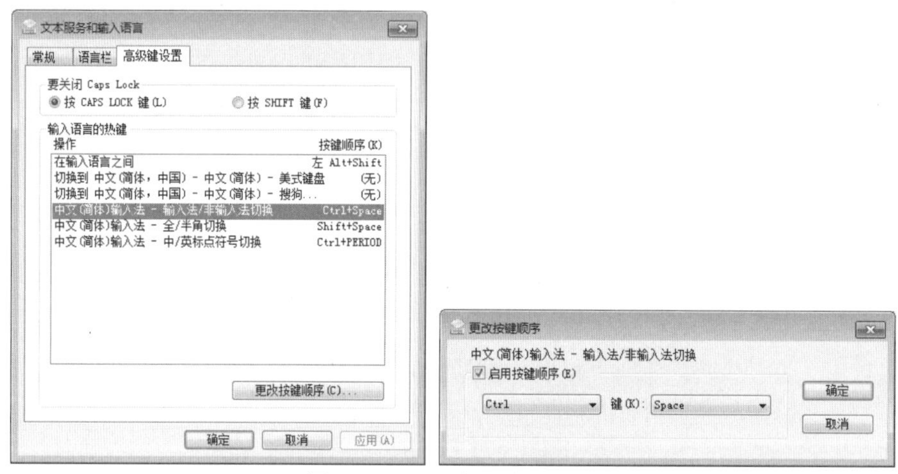

图 3-16　设置输入法快捷键

3.10　设置计算机系统启动项与系统服务

3.10.1　计算机启动项

计算机启动项是指计算机在开机时就会自行启动的应用程序，通常有许多应用程序是不需要在开机时启动的，有效地设置启动项可以节约计算机资源，减少开机时间。设置计算机启动项的方法如下。

(1) 选择“开始”→“运行”命令或使用 Windows+R 组合键打开“运行”对话框，在“打开”文本框中输入 msconfig，如图 3-17 所示。

图 3-17　“运行”对话框

(2) 单击“确定”按钮或按 Enter 键打开“系统配置”对话框，如图 3-18 所示。

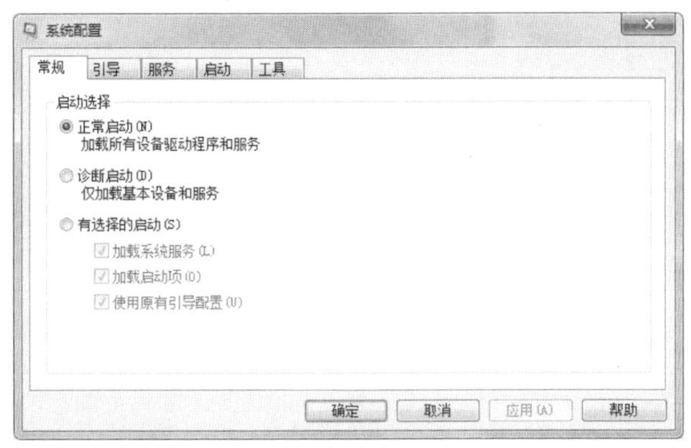

图 3-18　“系统配置”对话框

(3) 打开“启动”选项卡，里面展示的就是当前计算机开机启动项，可以根据需要取消选中一些不必要的启动项，如图 3-19 所示。

图 3-19　启动项配置信息提示

(4) 单击“应用”按钮，这时会弹出对话框提示设置在重启计算机后生效，如图 3-20 所示。

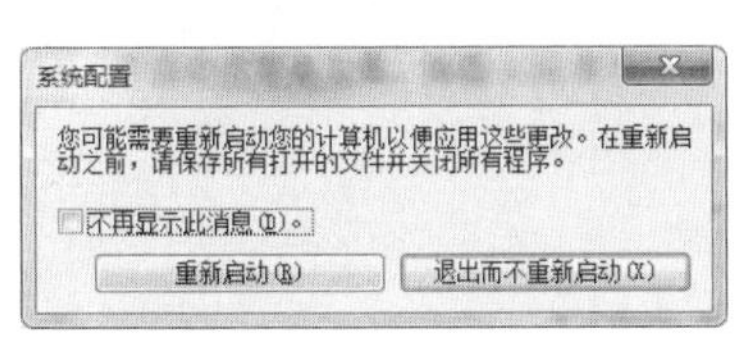

图 3-20　重启计算机

(5) 单击“重新启动”按钮重启计算机，即可完成设置。

3.10.2　系统服务设置

系统服务是指计算机在开机时就会自行启动的程序服务项目，通常有许多服务是不需要随时保持启动状态的，有效地设置系统服务项可以节约计算机资源，提高计算机运行效率。设置计算机系统服务的方法如下。

(1) 打开“系统配置”对话框，选择“服务”选项卡，如图 3-21 所示。

图 3-21 “服务”选项卡

(2) 在设置系统服务时要注意的是有些服务项目是计算机运行所必备的，如果将其禁用可能会导致计算机无法正常运行，为了避免发生这种情况，在设置前可以选中“隐藏所有 Microsoft 服务”复选框，这时便会自动将系统重要服务隐藏，如图 3-22 所示。

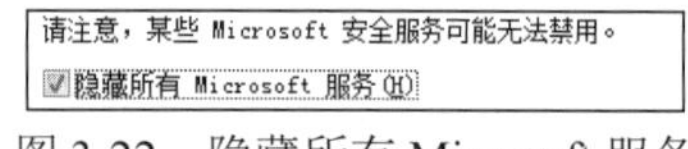

图 3-22 隐藏所有 Microsoft 服务

(3) 此时根据需要取消勾选一些不必要的服务项，单击“应用”按钮，完成后重启计算机即可设置成功。

【单元小结】

- 操作系统是计算机和用户之间的接口
- 当命令或程序以图形的方式出现时，它就是基于图形用户界面的操作系统
- 文件系统分为以下不同类型：FAT16、FAT32、NTFS
- 任务管理器工具用于查看和终止运行的多余程序或进程

【单元自测】

1. (　　)不是资源管理器能够实现的功能。

   A. 查看磁盘、磁带中的文件及文件夹
   B. 进行文件及文件夹的剪切、复制、粘贴
   C. 查看 CPU 及内存的使用情况
   D. 打开当前计算机磁盘中的应用程序

2. (　　)不是 DOS 操作系统能够实现的功能。

   A. 为多用户提供服务
   B. 进行文件的剪切、复制、粘贴
   C. 进行文件的重命名
   D. 查看磁盘驱动器中的文件和文件夹

3. 以下关于任务管理器描述不正确的是(　　)。

A. 任务管理器可以用于查看当前计算机中正在运行的应用程序

B. 任务管理器可以用于打开和关闭计算机中的应用程序

C. 任务管理器可以用于关闭计算机

D. 任务管理器可以用于打开和关闭网络中的某一台计算机

4. 如何打开任务管理器？简述任务管理器的作用。

5. 简述在资源管理器中，如何选定一个特定的文件夹使之成为当前文件夹，又如何在一个特定文件夹下新建一个子文件夹或删除一个子文件夹。

【上机实战】

上机目标

掌握常用 DOS 命令。

上机练习

◆ 第一阶段 ◆

练习：DOS 命令

【问题描述】

理解 dir、del 和 cd 命令。

【知识要点】

(1) dir/w：此命令以宽列表格式显示详细信息，如图 3-23 所示。

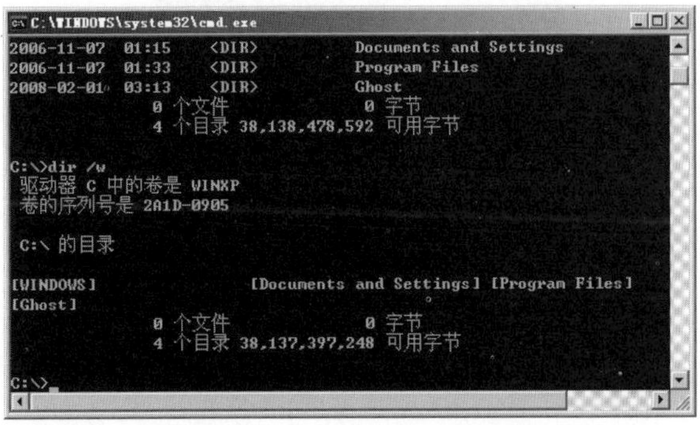

```
C:\WINDOWS\system32\cmd.exe
2006-11-07  01:15    <DIR>          Documents and Settings
2006-11-07  01:33    <DIR>          Program Files
2008-02-01  03:13    <DIR>          Ghost
               0 个文件              0 字节
               4 个目录 38,138,478,592 可用字节

C:\>dir /w
 驱动器 C 中的卷是 WINXP
 卷的序列号是 2A1D-0905

 C:\ 的目录

[WINDOWS]                 [Documents and Settings] [Program Files]
[Ghost]
               0 个文件              0 字节
               4 个目录 38,137,397,248 可用字节

C:\>
```

图 3-23　宽列表显示目录

(2) dir/p：此命令分页显示文件和目录列表，即在显示每一屏信息之后都会暂停，如图 3-24 所示。

```
C:\WINDOWS\system32\cmd.exe - dir /p
C:\WINDOWS>dir /p
 驱动器 C 中的卷是 WIN2003
 卷的序列号是 2A1D-0905

 C:\WINDOWS 的目录

2006-11-07  01:06    <DIR>          .
2006-11-07  01:06    <DIR>          ..
2006-11-07  01:06    <DIR>          system32
2006-11-07  01:06    <DIR>          system
2006-11-07  01:06    <DIR>          repair
2006-11-07  01:06    <DIR>          Help
2006-11-07  01:06    <DIR>          Config
2006-11-07  01:06    <DIR>          msagent
2006-11-07  01:06    <DIR>          Cursors
2006-11-07  01:06    <DIR>          Media
2006-11-07  01:06    <DIR>          java
2006-11-07  01:33    <DIR>          Web
2006-11-07  01:06    <DIR>          addins
2006-11-07  01:06    <DIR>          Connection Wizard
2006-11-07  01:06    <DIR>          Driver Cache
请按任意键继续. . .
```

图 3-24　分页显示目录

(3) cd..：此命令将当前目录转到更高一级的父目录，如图 3-25 所示。

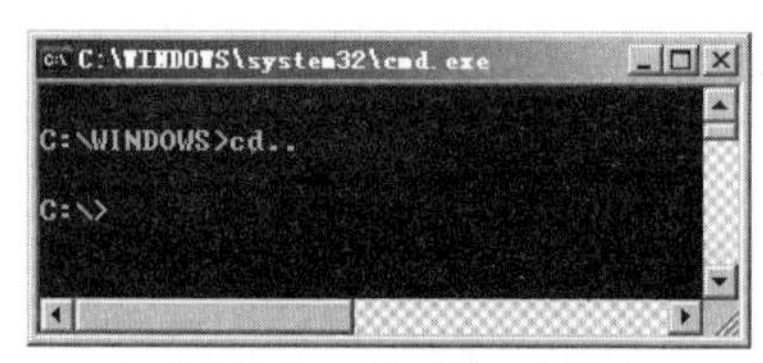

图 3-25　转到父目录

(4) cd\：此命令将当前目录转到最高级目录，即驱动器的根目录，如图 3-26 所示。

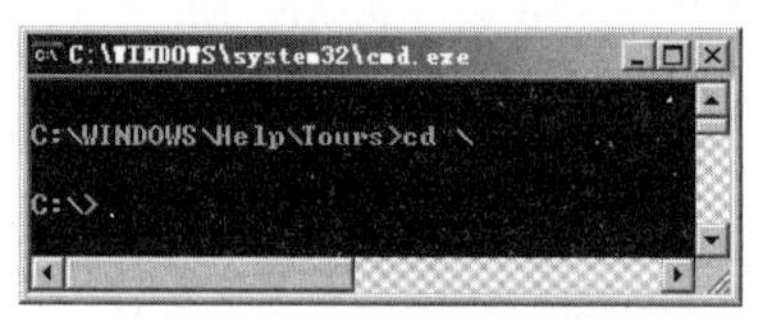

图 3-26　转到根目录

(5) del [filename]/p：此命令在删除文件之前将先提示是否确认删除，如图 3-27 所示。

图 3-27　“删除”命令的使用

◆ 第二阶段 ◆

练习 1：列举下列快捷键的功能

- Ctrl+A
- Alt+F4
- Ctrl+Esc
- Shift+Delete

- F5
- Shift+Ctrl+Esc
- Ctrl+Z
- Alt+Tab
- F3
- Windows+E

提示

可分别打开资源管理器、记事本来试验这些功能键的作用。

练习 2：输入下面的文本

Windows Server 2008 is the most advanced Windows Server operating system yet, designed to power the next-generation of networks, applications, and Web services. With Windows Server 2008 you can develop, deliver, and manage rich user experiences and applications, provide a highly secure network infrastructure, and increase technological efficiency and value within your organization.

Windows Server 2008 builds on the success and strengths of its Windows Server predecessors while delivering valuable new functionality and powerful improvements to the base operating system. New Web tools, virtualization technologies, security enhancements, and management utilities help save time, reduce costs, and provide a solid foundation for your information technology (IT) infrastructure.

Windows Server 2008 provides a solid foundation for all of your server workload and application requirements while also being easy to deploy and manage. The all new Server Manager provides a unified management console that simplifies and streamlines server setup, configuration, and ongoing management. Windows PowerShell, a new command-line shell, helps enable administrators to automate routine system administration tasks across multiple servers. Windows Deployment Services provides a simplified, highly secure means of rapidly deploying the operating system via network-based installations. And Windows Server 2008 Failover Clustering wizards, and full Internet Protocol version 6 (IPv6) support plus consolidated management of Network Load Balancing, make high availability easy to implement even by IT generalists.

The new Server Core installation option of Windows Server 2008 allows for installation of server roles with only the necessary components and subsystems without a graphical user interface. Fewer roles and features means minimizing disk and service footprints while reducing attack surfaces. It also enables your IT staff to specialize according to the server roles they need to support.

提示

使用记事本练习，注意练习复制和粘贴的快捷键。

【拓展作业】

1. 预习Word的使用，把以上练习2的内容输入Word文档中，命名为Win2008.docx。
2. 搜索具有不同扩展名的文件。

单元 四

应用 Word 软件编辑文档

课程目标

- ► 掌握 Word 2016 的基本操作
- ► 文档的基本编辑和排版技巧
- ► 使用项目符号和项目编号
- ► 使用 Word 2016 制作表格
- ► 掌握 Word 2016 的图像处理
- ► 文档打印设置

简 介

本章将介绍目前世界上最流行的文字编辑软件之一——Microsoft Office Word 2016。Word 2016 是微软公司的 Office 办公软件系列之一，Office 办公软件系列是目前世界上最流行的办公软件，其中主要的组件有 Word 2016、Excel 2016、PowerPoint 2016、Access 2016、OneNote 2016 等。将在后续的章节中学习如何使用 Excel 2016 和 PowerPoint 2016。

Word 2016 虽然不是功能最强大的文字处理软件，但却是使用最广泛、最普及的文字处理软件，它主要的优点就是易用性强，为用户提供了一个友好易用的图形操作界面，能非常方便地实现文字处理的各种功能，使用它可以轻松地编排出精美的文档。作为软件工程师，经常会编写各种工作文档，所以掌握如何使用 Word 2016 编辑文档是必要的。下面就来学习如何使用 Word 2016。

4.1 Word 2016 的基本操作

本节将介绍 Word 2016 的一些基本操作以及操作窗口的组成。

4.1.1 启动 Word 2016

在 Windows 7 系统中创建空白文档的具体操作步骤如下。

单击计算机左下角的“开始”按钮，在弹出的下拉列表中选择“所有程序”，然后单击 Word 图标，如图 4-1 所示。单击图标后，进入 Word 2016 的初始界面。

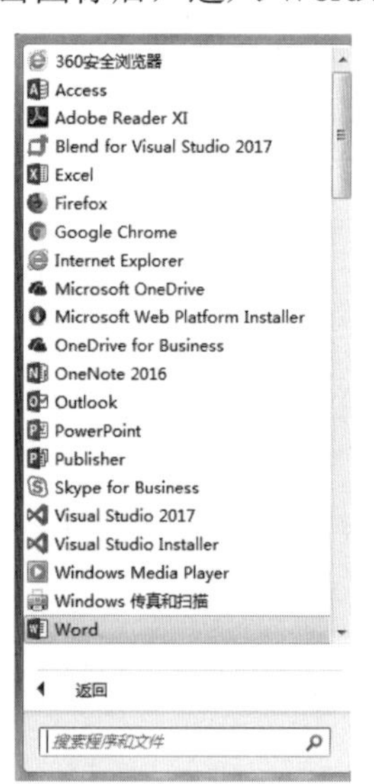

图 4-1 “开始”按钮菜单栏

在 Word 初始界面，单击“空白文档”按钮，如图 4-2 所示。

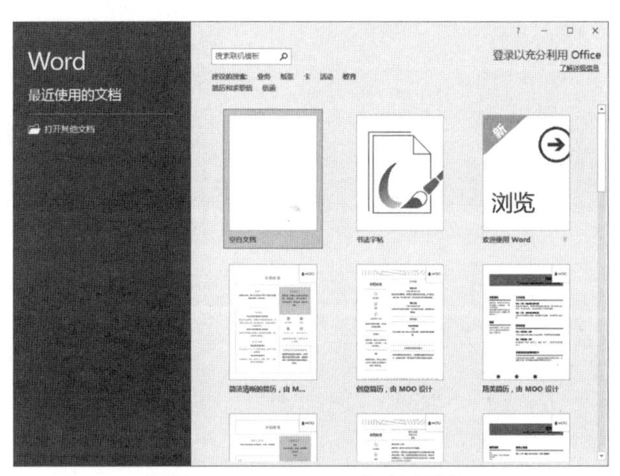

图 4-2　Word 2016 初始界面

当创建完成后，Word 2016 会生成一个名为“文档 1”的空白文档，如图 4-3 所示。

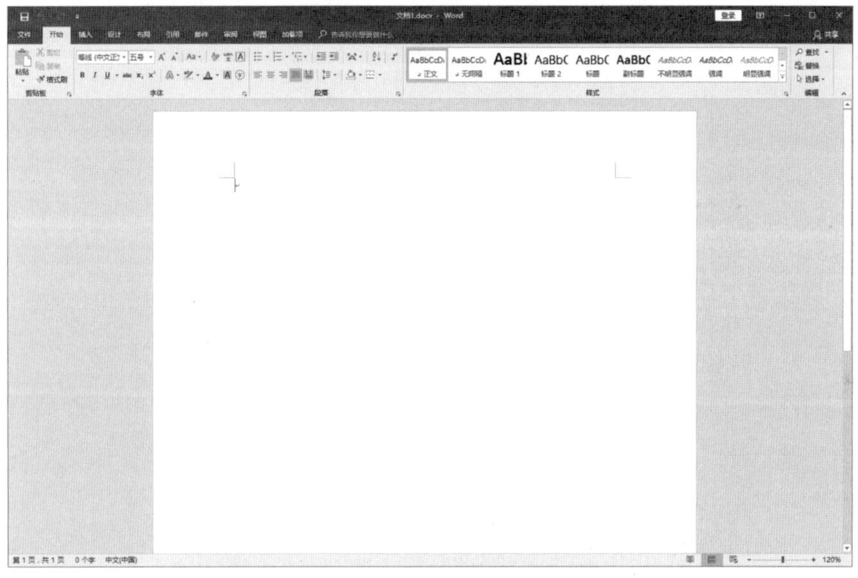

图 4-3　新建空白文档

还可以通过直接在 Windows 桌面上右击，从弹出的快捷菜单中选择“新建”命令，然后单击“Microsoft Word 文档”进行创建文档。

4.1.2　使用模板创建文档

模板是用来生成文档的一类特殊文档，可以按其提供的固定格式或操作步骤提示，制作符合某一特定格式要求的 Word 文档。

在启动程序后，选择“文件”→“新建”命令，在新建页面中单击合适的模板，如图 4-4 所示。

图 4-4　模板选择

单击模板后，会出现这个模板的预览界面，如图 4-5 所示。

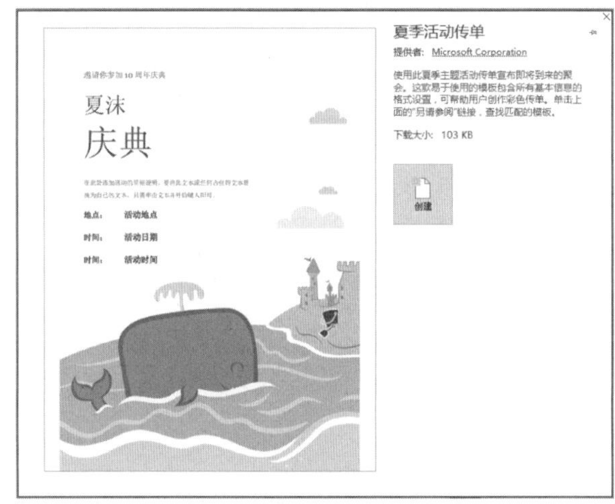

图 4-5　模板预览界面

在预览页面中单击“创建”图标后，软件会下载这个模板，下载完毕后，会根据该模板新建一个文档，如图 4-6 所示。

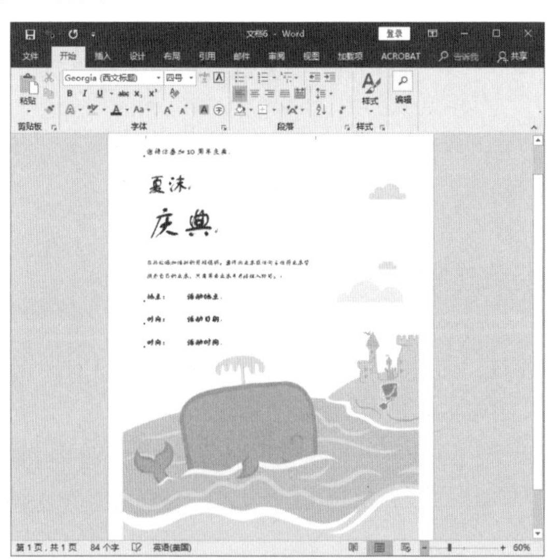

图 4-6　通过模板新建文档

通过“新建”界面的“搜索联机模板”功能，在“搜索框”中输入关键词进行特定主题的模板搜索，可以更方便地搜索到符合要求的模板。

4.1.3　打开和保存 Word 文档

1. 打开 Word 文档

打开 Word 2016 文档有以下两种常用的方法。

(1) 按快捷键 Ctrl+O。

(2) 选择“文件”→“打开”命令。

在弹出的“打开”对话框中单击“浏览”按钮，找到需要打开的 Word 文档，选择后单击“打开”按钮，文档将被打开，如图 4-7 所示。

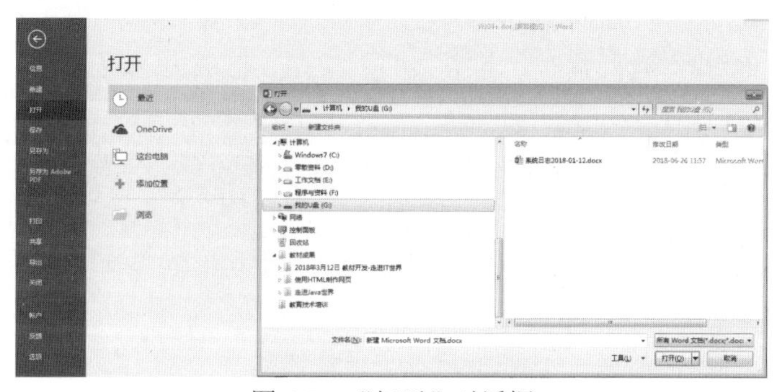

图 4-7　“打开”对话框

2. 保存 Word 文档

保存文档有以下几种方式。

(1) 单击“常用”工具栏中的“保存”按钮。

(2) 选择“文件”→“保存”命令。

(3) 按快捷键 Ctrl+S。

4.2　文档的基本编辑和排版技巧

4.2.1　常用基础功能

1. 文本的选择

将鼠标指针移到文档中双击，可选定指针所在处的一个单词或词组。将鼠标指针移到文档中连续单击三次，可选定指针所在处的一个段落。

按下 Ctrl 键并在任意句中单击，可选定该句。

2. 文本的复制、粘贴和剪切

- 复制：选中要复制的文本，然后按 Ctrl+C 组合键就完成了复制操作。
- 粘贴：将光标移到要粘贴的地方，按 Ctrl+V 组合键。
- 剪切：选择要剪切的文本，按 Ctrl+X 组合键，然后把光标移到目标位置按 Ctrl+V 组合键即可粘贴。

3. 文本的查找与替换

在文档编辑过程中，常常要查找某一个词或者某一个句子。这时就要用到文本查找功能。操作步骤如下。

(1) 如果是想查找某一特定范围内的文档，则在查找之前应先选取该区域的文档。

(2) 单击“开始”工具栏中的“查找”按钮，打开“查找和替换”对话框。

(3) 在“查找”选项卡的“查找内容”文本框中输入要查找的内容，如“中国”。当选中“在以下项中查找”选择框时，其下方的下拉列表框成为可用状态，从中可以选择要在文档的哪些部分进行查找。

(4) 单击“查找下一处”按钮，即可找到指定的文本，找到后，Word 将会找到该文本所在的位置，并高亮显示找到的文本。此时，“查找和替换”对话框仍然显示在窗口中，用户可以单击“查找下一处”按钮，继续查找指定的文本，或单击“取消”按钮回到文档中，如图 4-8 所示。

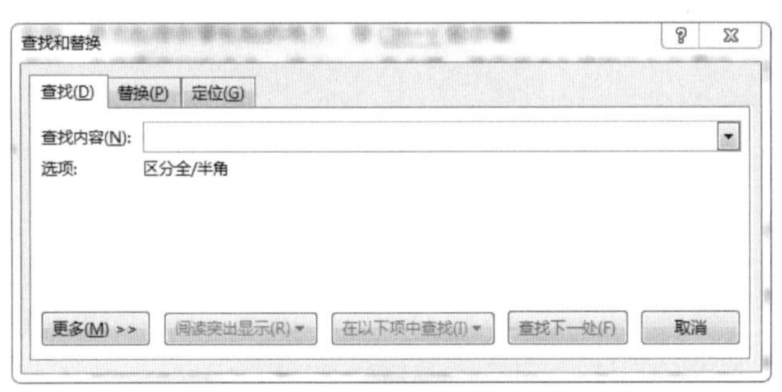

图 4-8 “查找”窗口

文本的替换操作步骤如下。

(1) 单击“开始”工具栏中的“替换”按钮，打开“查找和替换”对话框，如图 4-9 所示。

图 4-9 “替换”窗口

(2) 在“替换”选项卡的“查找内容”文本框中输入要替换的文本。

(3) 在“替换为”文本框中输入替换文本。

(4) 单击“查找下一处”按钮，Word 会自动找到要替换的文本，并以高亮反白的形式显示在屏幕上。如果决定替换，则单击“替换”按钮，否则可单击“查找下一处”按钮继续查找或单击“取消”按钮不进行替换。如果单击“全部替换”按钮，则 Word 会自动替换所有指定的文本。

4. 格式刷的使用

使用格式刷复制文本格式的操作步骤如下。

(1) 选定已设置好格式的文本。

(2) 在“开始”选项卡中的“剪贴板”一栏找到“格式刷”按钮，如图 4-10 所示。单击“格式刷”按钮，格式刷只能使用一次；双击“格式刷”按钮，格式刷可使用多次。

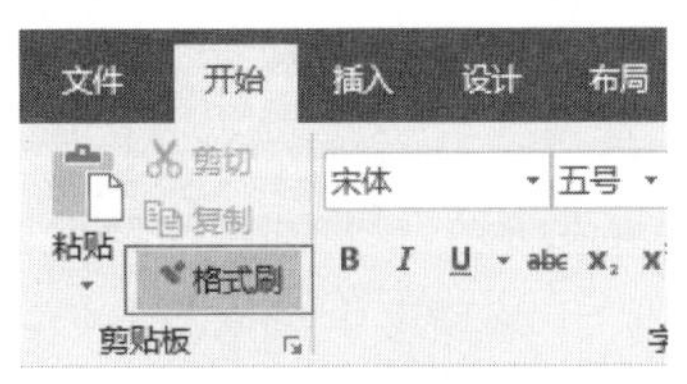

图 4-10 格式刷

(3) 拖动鼠标选中目标文本，则目标文本会按设置的格式自动排版。

4.2.2 文本的格式设置和排版

字体外观的设置好坏，直接影响文本内容的观读效果，美观大方的文本样式可以给人以简洁、清新、赏心悦目的感觉。

1. 设置字体、字号和字形

在 Word 2016 中，文本默认为宋体、五号、黑色，用户可以根据需要进行修改。主要方法有以下 3 种。

(1) 使用“字体”栏设置字体。在“开始”选项卡下的“字体”栏中单击相应的按钮来修改字体格式是最常用的字体格式设置方法，如图 4-11 所示。

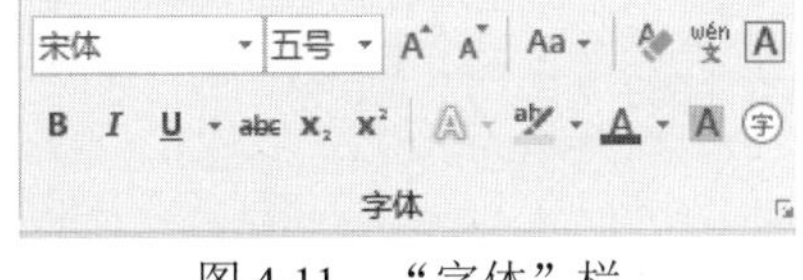

图 4-11 “字体”栏

(2) 使用“字体”对话框来设置字体。

(3) 使用浮动工具栏设置字体。

2. 段落格式的设置

段落样式是指以段落为单位所进行的格式设置。段落设置主要有对齐方式、段落的缩进、行间距及段落间距等。

(1) 段落的对齐。对齐方式整齐的排版效果可以使文本更为美观，对齐方式就是段落中文本的排列方式，Word 中提供了 5 种常用的对齐方式，分别为左对齐、右对齐、居中对齐、两端对齐和分散对齐，如图 4-12 所示。

图 4-12　设置段落对齐方式

(2) 段落的缩进。段落缩进是指段落到页面左右边距的距离。根据中文的书写形式，通常情况下，正文中的每个段落都会首行缩进两个字符。具体操作步骤如下。

单击“开始”选项卡下“段落”栏右下角的按钮，或右击，在弹出的快捷菜单中选择“段落”命令，弹出“段落”对话框。在“缩进和间距”选项卡下，单击“缩进”选项组中的“特殊格式”下拉按钮，在弹出的列表中可选择需要的缩进方式，在缩进值中填入要缩进的字符数量。

(3) 段间距与行间距。段间距是指文档中段落与段落之间的距离。行间距是在段落中行与行之间的距离。

单击“开始”选项卡下“段落”栏右下角的按钮，或右击，在弹出的快捷菜单中选择“段落”命令，弹出“段落”对话框，在“缩进和间距”选项卡下的“间距”选项组中，可以通过对“段前”“段后”“行距”以及值的设置来实现段落间距和行距的控制，如图 4-13 所示。

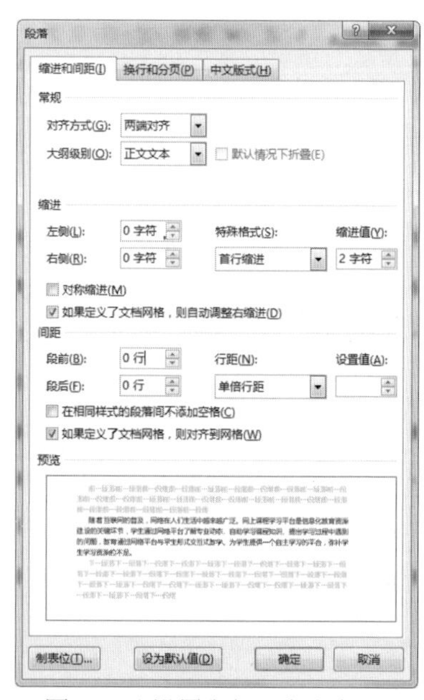

图 4-13　设置段间距与行间距

4.3　使用项目符号和编号

4.3.1　添加项目符号

项目符号是放在文本(如列表中的项目)前以添加强调效果的点或其他符号。它的主要作用是：合理使用项目符号和编号，可以使文档的层次结构更清晰、更有条理。在文档中添加项目符号的具体操作方式如下。

选择需要设置项目符号的文本，在“开始”选项卡的“段落”栏中找到“项目符号”。通过“项目符号”按钮右侧的下拉箭头，在弹出的项目符号库中选择符合要求的项目符号的样式，如图 4-14 和图 4-15 所示。

图 4-14　项目符号按钮

图 4-15　项目符号库

4.3.2　添加项目编号

项目编号是按照顺序为文档中的行或段落添加的编号，项目编号通常是使用数字按照从小到大的顺序进行编写。使用项目编号可以使 Word 文档条例清晰、重点突出。在文档中添加项目编号的具体操作方式如下。

选中要添加项目编号的文本内容，在“开始”选项卡的“段落”栏中找到“项目编号”。通过“项目编号”按钮右侧的下拉箭头，在弹出的项目编号库中选择符合要求的项目编号的样式，如图 4-16 和图 4-17 所示。

图 4-16　项目编号按钮

图 4-17　项目编号库

4.4　表格的制作

4.4.1　表格的创建

表格是指按所需的内容项目画成格子，分别填写文字或数字的书面材料，便于统计查看。

(1) 在 Word 2016 中可以通过“插入表格”对话框创建表格。

将光标置于要创建表格的位置，选择“插入”选项卡中的“表格”按钮，单击“插入表格”，如图 4-18 所示。

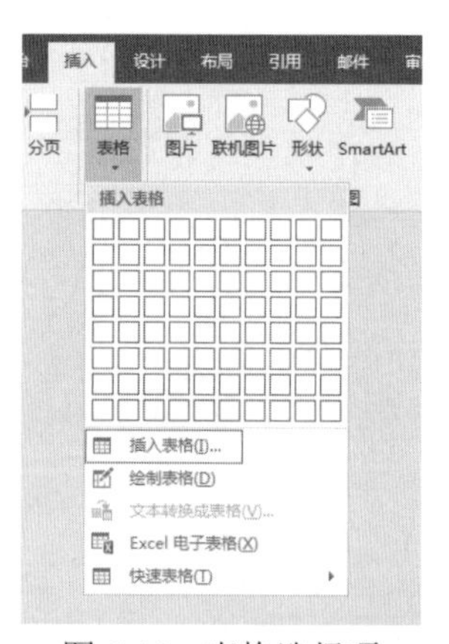

图 4-18　表格选择项

在弹出的“插入表格”对话框中输入列数、行数，如图 4-19 所示，单击“确定”按钮，表格出现在光标位置。

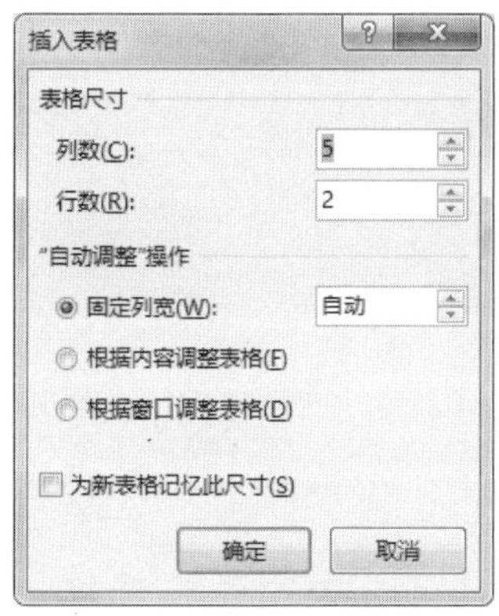

图 4-19　行列设置

(2) 创建表格还可以通过在“插入”工具栏中单击“表格”按钮。

在“插入表格”的示意框中向下拖动鼠标指针选择所需的行数、列数，通过按鼠标左键确定表格的设置，如图 4-20 所示。

图 4-20　拖动鼠标确定表格

此时在文档光标处插入空表，如图 4-21 所示。

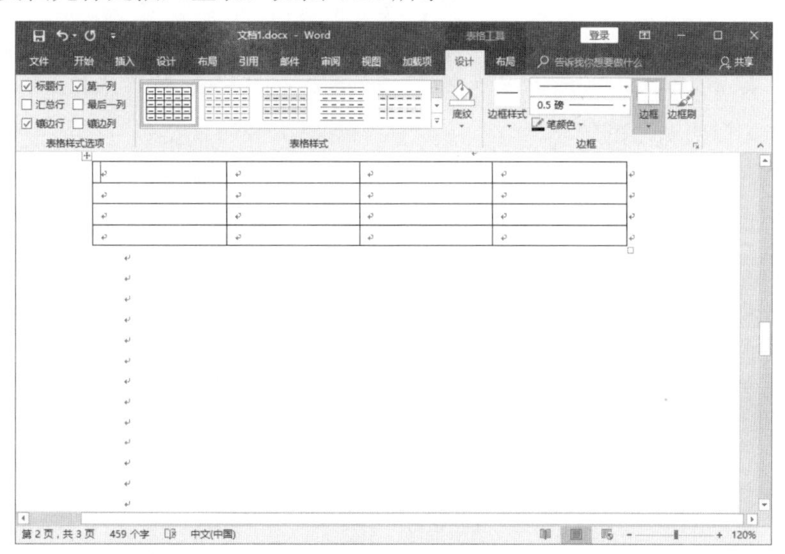

图 4-21　插入表格

4.4.2 编辑表格

选定单元格有以下几种情况。

1. 选定一个单元格

将鼠标指针指向单元格左边框单击，即可选定该单元格。

2. 选定一行

将指针指向某行左侧单击，即可选定该行。

3. 选定一列

将指针指向某列顶端的边框单击，即可选定该列。

4. 选定单元格区域

将指针指向要选定的第一个单元格，拖动指针至最后一个单元格，再释放左键。

5. 选定整个表格

将指针置于表格中，当表格的左上角出现十字⊞图标时，单击该图标即可选定整个表格。

4.5 页眉、页脚和页码

4.5.1 页眉和页脚

页眉和页脚通常用于标识文档的基本信息，例如页眉中可以输入文档名称、章节标题和作者名称等信息，页脚中可以输入文档的创建时间、页码等，这样不仅能使文档更美观，还能快速传递文档要表达的信息。

插入页眉和页脚：单击“插入”选项卡“页眉和页脚”一栏中的“页眉”或“页脚”选项，在弹出的列表中选择合适的选项，即可完成插入页眉和页脚的操作，如图 4-22 所示。

在页眉或页脚的文本域中输入文字，如图 4-23 所示。

输入完成后单击菜单栏中的“关闭”按钮关闭页眉和页脚，或双击文档其他部分即可。

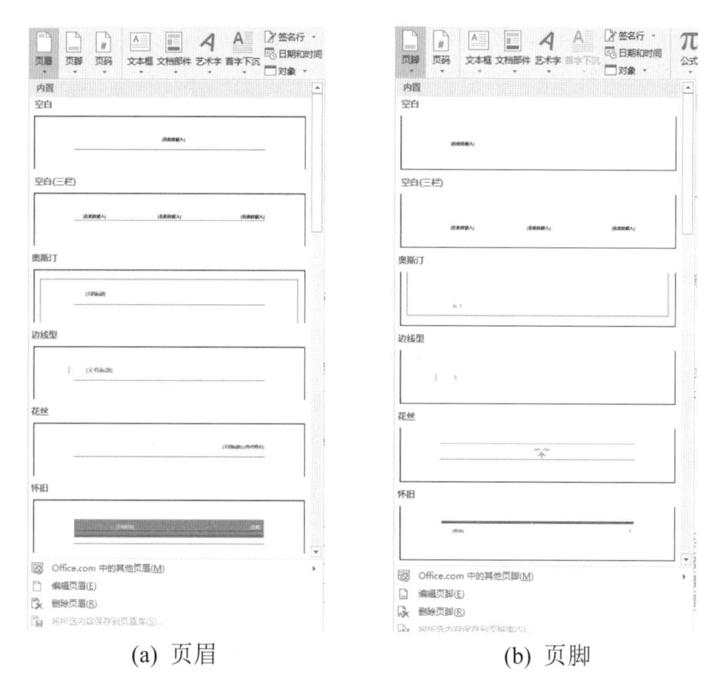

(a) 页眉　　　　　　　　(b) 页脚

图 4-22　页眉和页脚

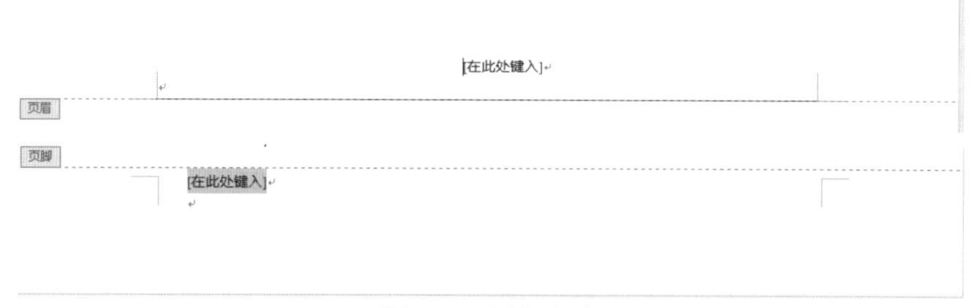

图 4-23　添加文字

4.5.2　页码

Word 2016 内置了默认的页码格式，在插入页码之前，用户可以根据需要设置页码格式。具体操作方法如下。

(1) 单击“插入”选项卡“页眉和页脚”一栏中的“页码”选项，显示“页码”下拉列表框，如图 4-24 所示。

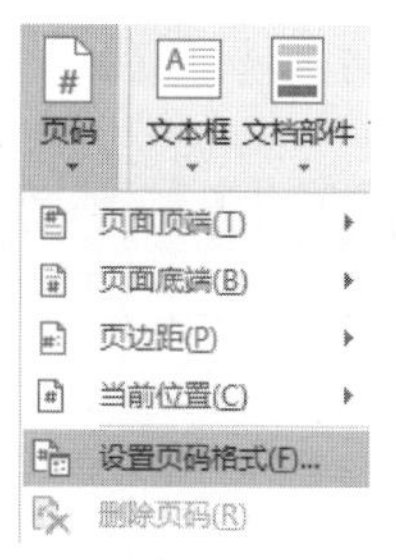

图 4-24　“页码”下拉列表框

(2) 在弹出的列表中选择“设置页码格式”，再在弹出的窗口中选择合适的编号格式，选择完成后单击“确定”按钮，如图4-25所示。

插入页码时，一般情况下从首页开始插入，首页的页码为1。具体方式如下。

在“页码”下拉菜单中选择插入页码的位置，即“页面顶端”或“页面底端”。此处以“页面底端”为例，如图4-26所示。

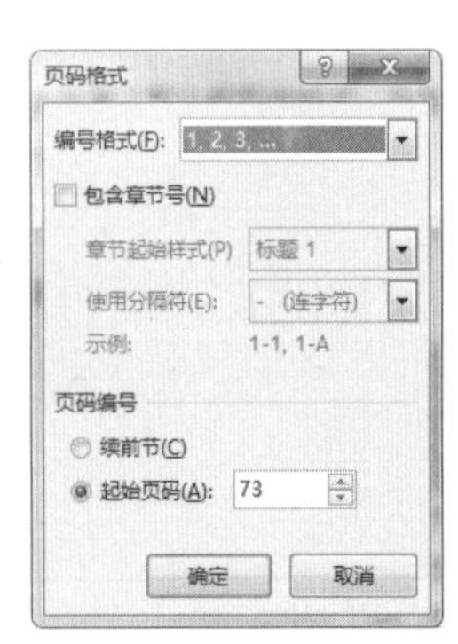

图4-25 设置页码格式

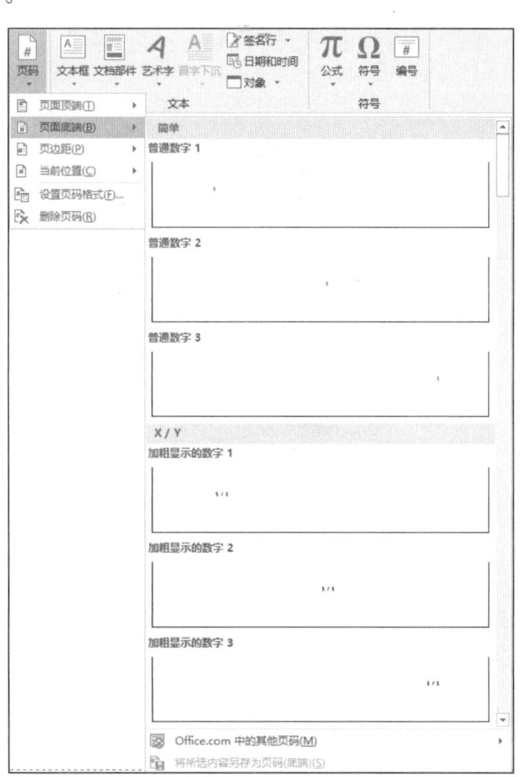

图4-26 选择插入页码位置

4.6 图像的处理

插入图形文件的操作步骤如下。

(1) 将插入点移动到要插入图形的位置。

(2) 单击“插入”菜单中的“图片”菜单项，打开其下级菜单。

(3) 选择所插入图片的来源，在弹出的“插入图片”对话框中选择需要插入的图片，单击“插入”按钮，如图4-27所示。

图4-27 插入图片

4.7　综合案例

4.7.1　使用文本格式设置编辑标题

公司组织秋游需要使用 Word 编写一个通知，首先需要写一个标题“秋游活动通知”，如图 4-28 所示。

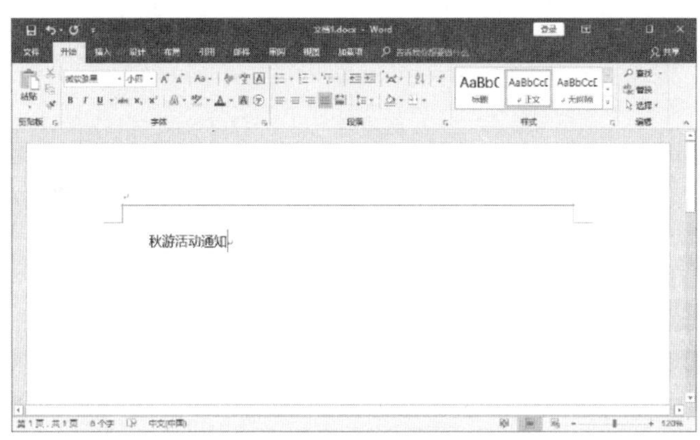

图 4-28　编辑标题

“标题”展示一般用“小二”号的宋体字，分一行或多行居中排布。如果标题文字超过一行，在回行时，要做到词意完整，排列对称，如图 4-29 所示。

设置通知标题的方法如下。

(1) 设置字号为“小二”号，字体为“宋体”。

(2) 将标题设置为“加粗”显示。

(3) 将标题段落位置设置为“居中”。

(4) 将标题“段前间距”和“段后间距”设置为“1.5 行”。

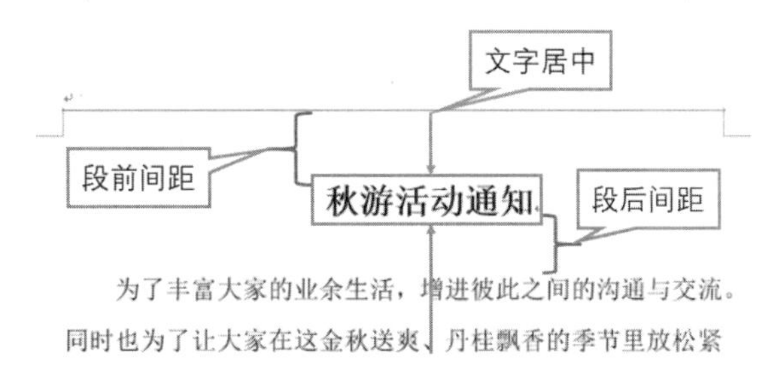

图 4-29　设置标题

4.7.2　为正文设置段落

当通知中编写了正文后，需要对这些文字进行“段落”设置。通过“段落”设置(分段)

可以让文中的意义更加清晰，不致令人误解。同时段落分明以后，文章的层次就会更加井然有序。

未设置段落的文字效果如图 4-30 所示。

图 4-30　未设置段落文字效果

当在 Word 中输入了一段连续文字后，需要根据内容层次进行“分段”。分段方法是单击需要分段的位置，一般为一句话的末尾，然后按 Enter 键。这样一段连续的文字，就被分为了两个段落。

正文“段落格式”设置方法如下。

(1) 将正文文字设置为“宋体”“三号”字。

(2) 将“特殊格式”设置为“首行缩进”，相应的“缩进值”设置为“2 字符”。

(3) 将“段后”段间距设置为“0.5 行”。

(4) 将“行距”设置为“1.5 倍行距”。

段落设置方法如图 4-31 所示。

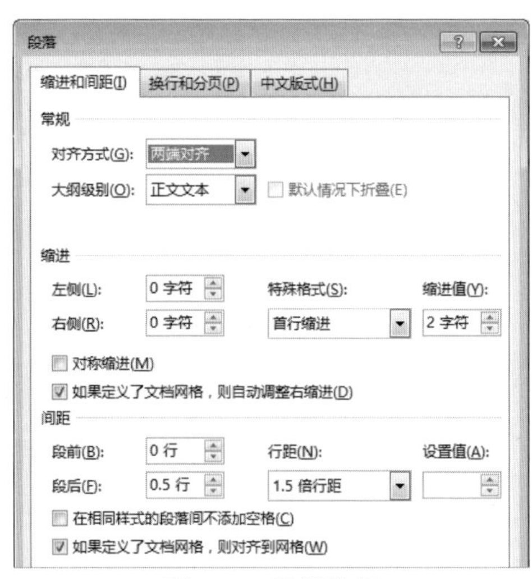

图 4-31　设置段落

段落设置完成后，显示效果如图 4-32 所示。

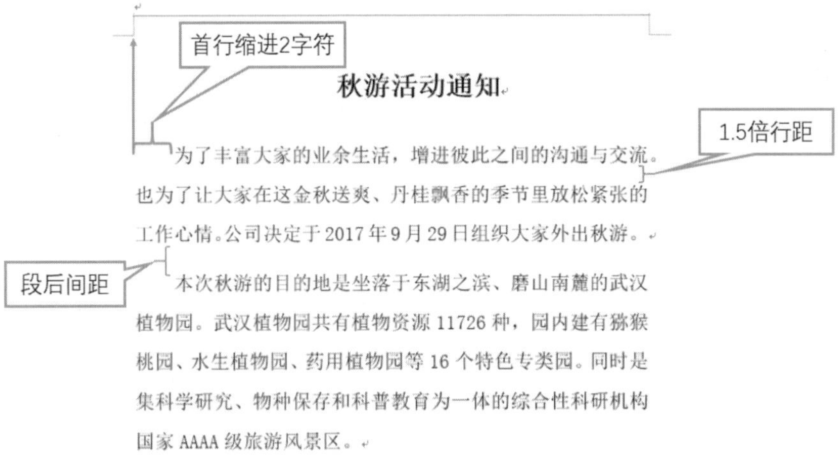

首行缩进2字符

秋游活动通知

1.5倍行距

为了丰富大家的业余生活，增进彼此之间的沟通与交流。也为了让大家在这金秋送爽、丹桂飘香的季节里放松紧张的工作心情。公司决定于2017年9月29日组织大家外出秋游。

段后间距

本次秋游的目的地是坐落于东湖之滨、磨山南麓的武汉植物园。武汉植物园共有植物资源11726种，园内建有猕猴桃园、水生植物园、药用植物园等16个特色专类园。同时是集科学研究、物种保存和科普教育为一体的综合性科研机构国家AAAA级旅游风景区。

图 4-32　设置段落文字效果

4.7.3　添加编号

接下来的内容为秋游活动流程。未排版的效果如图 4-33 所示。

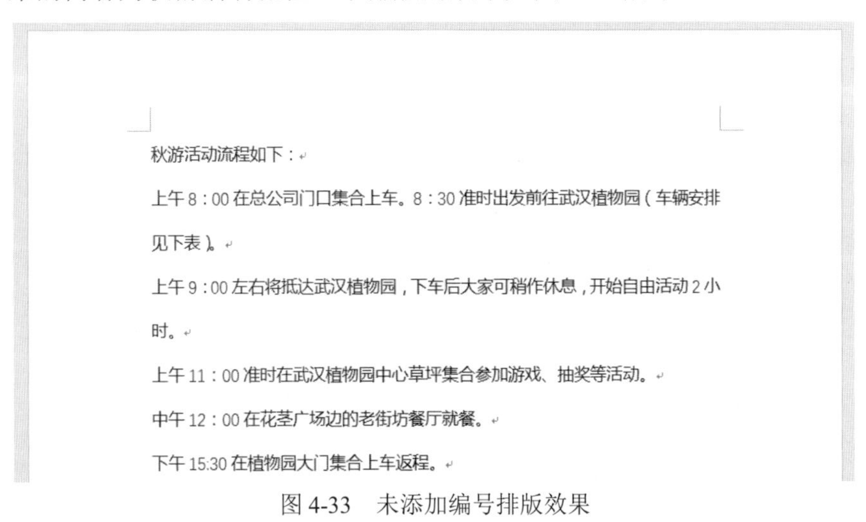

秋游活动流程如下：

上午8：00在总公司门口集合上车。8：30准时出发前往武汉植物园（车辆安排见下表）。

上午9：00左右将抵达武汉植物园，下车后大家可稍作休息，开始自由活动2小时。

上午11：00准时在武汉植物园中心草坪集合参加游戏、抽奖等活动。

中午12：00在花茎广场边的老街坊餐厅就餐。

下午15:30在植物园大门集合上车返程。

图 4-33　未添加编号排版效果

从秋游活动流程的内容中可以发现，这些流程信息需要按顺序进行呈现。这时可以通过设置“编号”让人更容易理解整个活动的安排。

编号设置方法如下。

(1) 选中秋游活动流程中的内容，在“段落”栏的“编号”下拉列表中选择“数字编号”。

(2) 将“特殊格式”设置为“悬挂缩进”，相应的“缩进值”设置为“2 字符”。

(3) 将“段后”段间距设置为“0.5 行”。

(4) 将“行距”设置为“单倍行距”。

编号设置完成后，显示效果如图 4-34 所示。

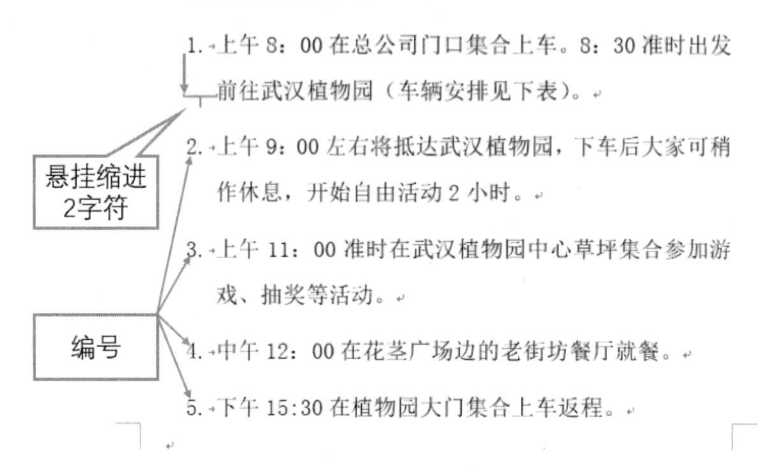

图4-34　添加项目编号排版后效果

4.7.4　添加项目符号

下面对通知进行完善，添加“注意事项”内容。未排版的效果如图4-35所示。

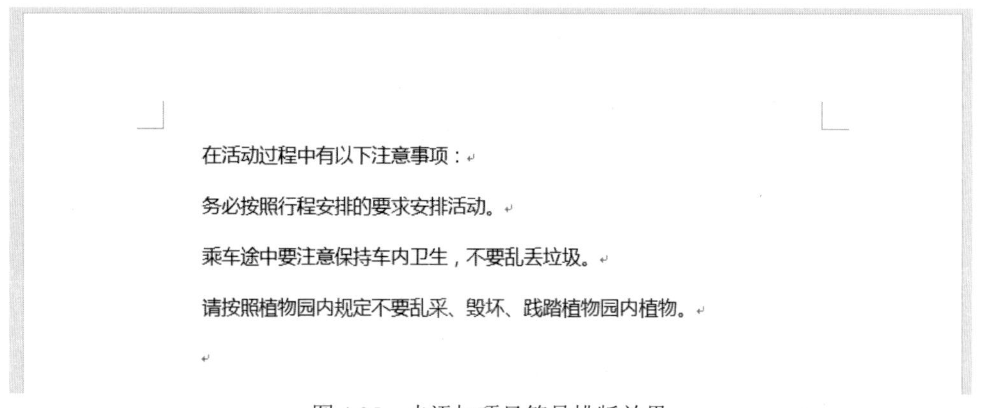

图4-35　未添加项目符号排版效果

为了使“注意事项”的内容更加容易被读者关注，可以设置项目符号起到强调的作用。项目符号的设置方法如下。

(1) 选中“注意事项”的内容，在“段落”栏的“项目符号”下拉列表中选择“圆点”项目符号。

(2) 将“特殊格式”设置为“悬挂缩进”，相应的“缩进值”设置为“2字符”。

(3) 将“段后”段间距设置为“0.5行”。

(4) 将“行距”设置为“单倍行距”。

项目符号设置完成后，显示效果如图4-36所示。

在活动过程中有以下注意事项：
项目符号
●务必按照行程安排的要求安排活动。
●乘车途中要注意保持车内卫生，不要乱丢垃圾。
●请按照植物园内规定不要乱采、毁坏、践踏植物园内植物。

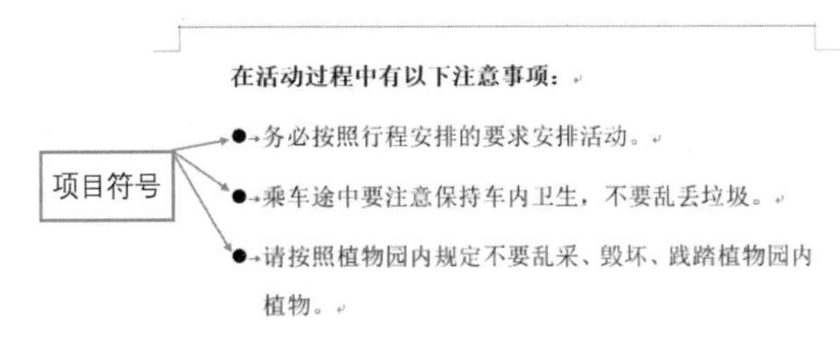

图 4-36　添加项目符号排版效果

4.7.5　添加落款

通知的最后一部分需要添加落款内容，也就是在通知的结尾注明发文单位(部门)名称和日期。

在未设置落款的排版时，显示效果如图 4-37 所示。

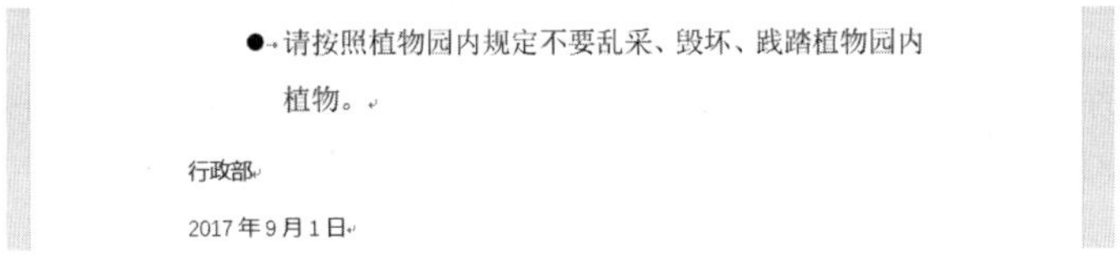

●请按照植物园内规定不要乱采、毁坏、践踏植物园内植物。
行政部
2017 年 9 月 1 日

图 4-37　未设置落款排版效果

落款的设置方法如下。

(1) 将正文和落款间添加 3 个空行。

(2) 将落款部门名称的段落位置设置为“右对齐”。

(3) 按照正式的公文标准将落款时间修改为“二 0 一七年九月一日”。

(4) 将落款时间的段落位置设置为“右对齐”。

(5) 将落款部门名称的右边添加 6 个空格，使落款的部门名称和日期形成梯形排列。

落款设置完成后，显示效果如图 4-38 所示。

在活动过程中有以下注意事项：
●务必按照行程安排的要求安排活动。
●乘车途中要注意保持车内卫生，不要乱丢垃圾。
●请按照植物园内规定不要乱采、毁坏、践踏植物园内植物。
部门右侧添加空格使落款梯形排列
正文与落款间空3行
行政部
二 0 一七年九月一日
落款靠右对齐

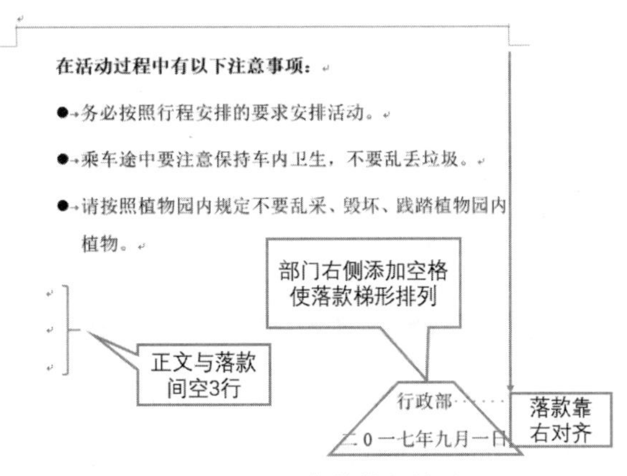

图 4-38　设置落款排版效果

4.8 文档打印预览与打印

4.8.1 打印预览

操作步骤如下。

(1) 打开要打印的文档并选择“视图”工具栏中的“页面视图”。

(2) 选择“文件”→“打印”命令，屏幕出现打印预览窗口，显示当前文档打印时的页面效果。

(3) 根据需要可以在打印预览窗口选择打印预览工具按钮。

4.8.2 文档的打印

操作步骤如下。

(1) 正确连接打印机。

(2) 选择“文件”→“打印”命令，屏幕弹出“打印”页面。

(3) 在“打印机”一栏中单击“打印机属性”按钮，进行相关的打印机设置。

(4) 在“设置”选项组中确定打印的页面范围。

(5) 在“份数”列表框中输入需要打印的份数(系统默认为打印一份)。

(6) 单击“确定”按钮，文档开始打印输出，如图 4-39 所示。

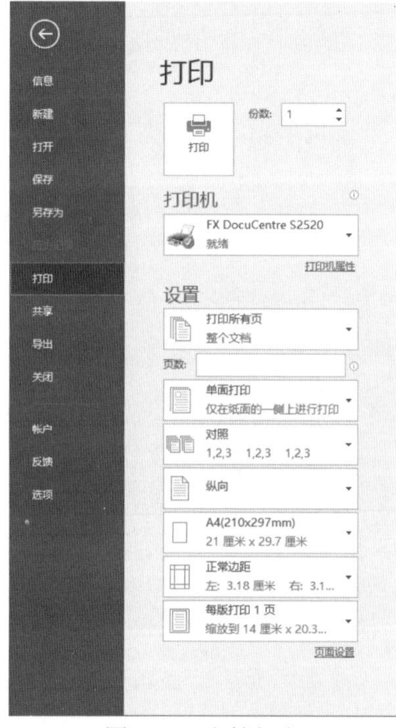

图 4-39 文档打印

【单元小结】

- Word 2016 的工作窗口主要包括标题栏、菜单栏、工具栏、文档窗口和状态栏
- 利用模板创建文档的步骤，如何保存编辑完的文档
- 文本的复制、粘贴、剪切、查找以及替换
- 设置文本文字的字体、字号、字形
- 在文档中插入表格，设置表格格式
- 在文档中插入图片文件
- 文档的打印预览和打印

【单元自测】

1. 用 Word 2016 编辑文档，其文档的文件名后缀是(　　)。
   A. .xls　　B. .docx
   C. .txt　　D. .exe
2. 添加项目符号功能在(　　)选项卡中。
   A. 开始　　B. 插入
   C. 设计　　D. 布局
3. 在 Word 文档编辑过程中，可以按快捷键(　　)保存文档。
   A. Alt+S　　B. Shift+S
   C. Enter　　D. Ctrl+S
4. 在 Word 中选择整个文档内容，应按(　　)键。
   A. Ctrl+A　　B. Alt+A
   C. Shift+A　　D. Ctrl+Shift+A
5. 在 Word 文档中执行查找操作的快捷键是(　　)。
   A. Ctrl+A　　B. Ctrl+S
   C. Ctrl+H　　D. Ctrl+F

【上机实战】

上机目标

- 熟悉 Word 操作界面，设置字体、字号和字形
- 熟练掌握表格制作方法，设置表格格式

上机练习

◆ 第一阶段 ◆

练习：创建空白文档，添加文档标题和内容，设置字体、字号和字形

【问题描述】

创建一个空白文档，命名为“项目说明文档.docx”。要求文档标题为一号字，居中排列，字体为黑色粗体；至少有两个段落；为项目功能模块描述添加项目符号。

【问题分析】

本练习主要是学习如何设置文档的基本格式和字体样式。

【参考步骤】

(1) 创建空白 Word 文档。

(2) 设置标题字体和格式。

(3) 设置段落首行缩进以及左缩进，设置段落间行距为两倍行距。

(4) 添加项目符号。

◆ 第二阶段 ◆

练习：熟练掌握制作表格，设置表格格式

【问题描述】

创建如表 4-1 所示格式的表格，添加到“项目说明文档.docx”文档。

表 4-1　表格格式

功能模块	负责人	完成周期
登录模块	张三	2018.1.1—2018.1.15
公共信息模块	李四	2018.1.1—2018.2.1
学生功能模块	王五	2018.1.1—2018.3.1
管理员模块	张三	2018.1.16—2018.3.1
积分签到模块	李四	2018.2.1—2018.3.1

【问题分析】

本练习主要是学习如何添加规定的表格。

【参考步骤】

(1) 单击工具栏添加表格，设置为 6 行 3 列格式。

(2) 设置表格文字对齐方式。选择表格左上角十字形图标，然后设置“单元格对齐方式”为居中格式。

(3) 设置表格样式。选择表格左上角“十”字形图标，然后选择“表格自动套用格式”，选择其中一个样式。

(4) 填写表格内容。

【拓展作业】

完善项目说明文档，为项目说明文档添加图片文件作为功能展示部分。

单元 五

应用 Excel 软件处理表格

课程目标

- 掌握 Excel 2016 的基本操作
- 熟悉 Excel 2016 的工作界面
- 理解工作簿、工作表和单元格
- 掌握常用工作表、单元格的编辑
- 掌握公式和常用函数的使用
- 掌握图表制作
- 掌握数据透视表制作

简 介

在日常生活中，经常会使用表格来记录和分析生活或者工作中产生的各种数据。在计算机技术普及的今天，学会制作电子表格已经成为非常重要的技能。

Excel 2016 是 Microsoft 公司 Office 2016 办公系列软件的组件之一，是专门用于数据处理和报表制作的应用程序。它具有一般电子表格所没有的处理各种表格数据、制作图表、数据管理和分析等功能。本章将讲解 Excel 2016 的使用方法和操作技巧。

5.1 Excel 2016 的基本操作

本节将介绍 Excel 2016 的一些基本操作以及操作窗口的组成。

5.1.1 启动 Excel 2016

启动 Excel 2016 最直接的方式就是通过“开始”菜单启动。首先单击 Windows 操作系统左下角的“开始”按钮，在弹出的下拉列表中选择“所有程序”，然后单击 Excel 图标，如图 5-1 所示。

图 5-1　打开 Excel 2016

5.1.2 Excel 2016 操作窗口简介

启动 Excel 2016 后会看到如图 5-2 所示的操作界面。Excel 2016 的工作窗口主要包括 Office 按钮、标题栏、菜单栏、工具栏、编辑栏、工作表标签、状态栏等。

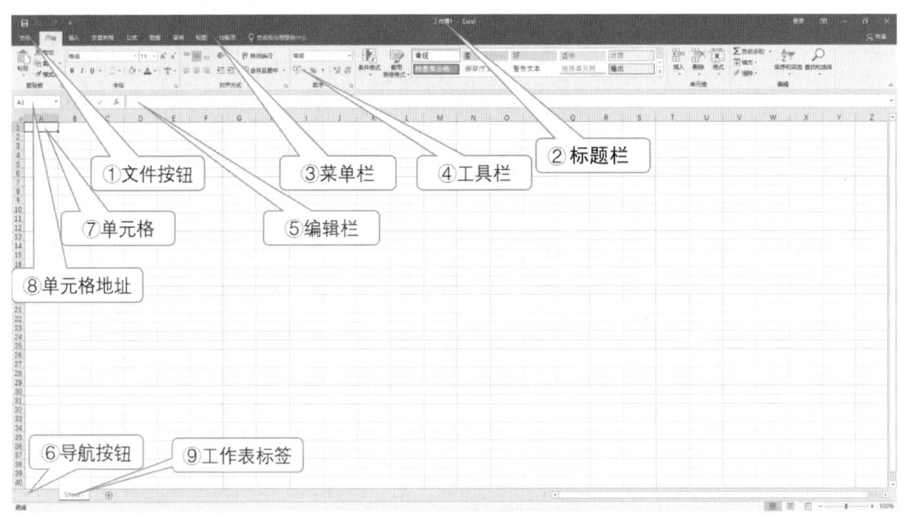

图 5-2　Excel 2016 工作窗口

(1) 文件按钮。集成了 Excel 2016 的常用操作及常用功能。

(2) 标题栏。标题栏位于 Excel 2016 操作界面的最上端，标题栏中显示的是当前正在编辑的文件的名称。

(3) 菜单栏。菜单栏位于标题栏下方，它包括“开始”“插入”“页面布局”“公式”“数据”“审阅”“视图”“加载项”8 个菜单项。

(4) 工具栏。在编辑文档过程中经常使用的功能按钮，使用这些按钮以实现对文件的快速操作。

(5) 编辑栏。显示当前单元格中的信息，也可以在编辑栏中对当前具有焦点的单元格进行操作，如输入数据和编辑公式。

(6) 导航按钮。实现在工作簿的多个工作表之间快速地切换。

(7) 单元格。存储数据的最小单位，一个表格由多个单元格组成。

(8) 单元格地址。每个单元格的名字就是该单元格的地址，由列标签和行标签构成。

(9) 工作表标签。用来标记一个工作簿的多个表格名称。

5.1.3　理解 Excel 中的基本概念

1. 工作簿

Excel 中存储并处理数据的文件，是多个工作表的集合。把 Excel 的一个文件叫作工作簿。

2. 工作表

工作簿中的一个表，由单元格构成。新建一个工作簿，默认包含一个工作表 Sheet1。

3. 单元格

存储数据的最小单位，是工作表中的一个小方格。一个工作表最大可以有 16 384 列、

1 048 576 行，列号从 A 到 XFD，行号从 1 到 1 048 576。简单地说，一个空白表中的每一个方格就是一个单元格，每个单元格地址由它所在列的列号和行号组成。例如，B3 就是位于第 B 列和第三行交叉处的单元格。

4. 活动单元格

当前获得焦点(被选中)的单元格。

5.2 常用工作表和单元格的编辑

5.2.1 工作表的选定

- 选定单个工作表：单击工作表标签，如图 5-3 所示。

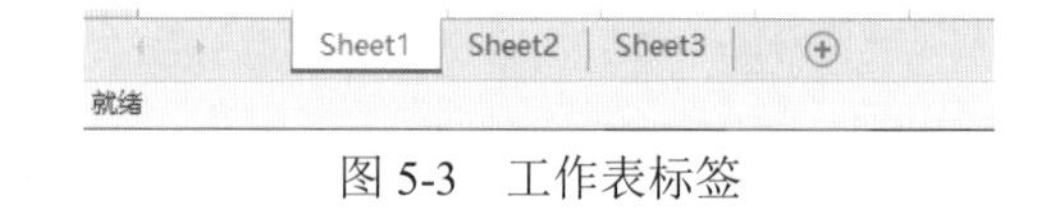

图 5-3　工作表标签

- 选定多个工作表：单击一个工作表后按 Ctrl 键选择其他工作表。
- 选定全部工作表：右击任意工作表，从弹出的快捷菜单中选择“选定全部工作表”命令。

5.2.2 单元格的编辑

- 单击单元格编辑：光标形状变为✚时，在该单元格中输入数据，然后按 Enter 键、Tab 键或选择“↑”“↓”“←”“→”方向键定位到其他单元格继续输入数据。
- 双击单元格编辑：光标形状变为“I”形时，就可以进行数据的输入。

5.2.3 单元格的选定

- 选定单个单元格：单击选定的单元格即可。
- 选定一个单元格区域：选中选择区域的一个单元格，按 Shift 键，再选中对角的单元格，就可以选中该区域。
- 选定多个不相邻的区域：选定一个区域后，按下 Ctrl 键，继续选择其他区域。
- 选定整行或整列：单击行号或列号。

5.2.4 编辑工作表中的行和列

1. 添加列

首先选中某一列，然后右击该列，从弹出的快捷菜单中选择“插入”命令，会看到在选中列的前面添加了一列空白单元格，如图 5-4 所示。

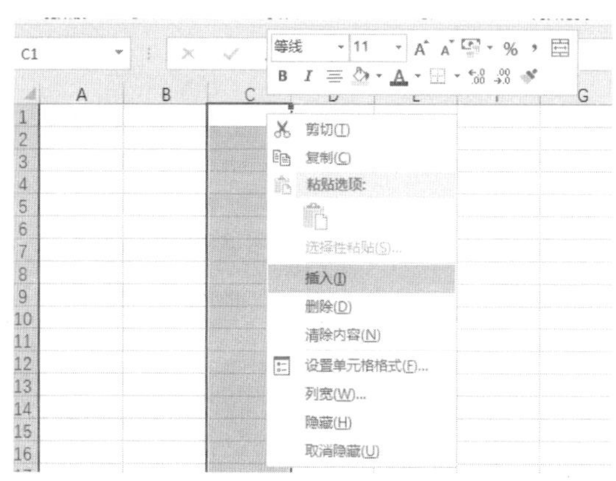

图 5-4　添加列

2. 添加行

首先选中某一行，然后右击该行，从弹出的快捷菜单中选择“插入”命令，会看到在选中行的上面添加了一行空白单元格，如图 5-5 所示。

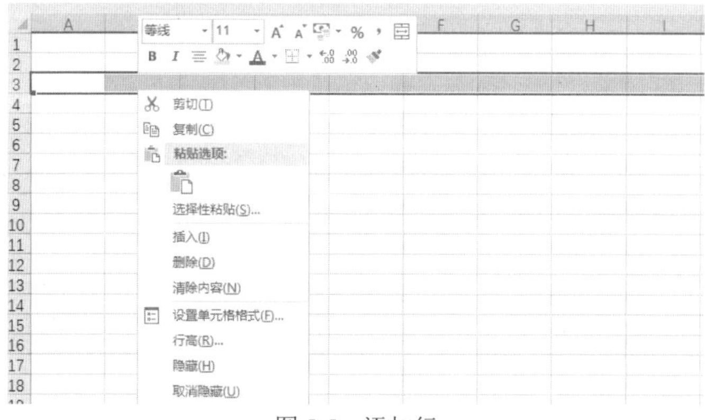

图 5-5　添加行

3. 设置列宽

光标移到列号的右边框，当出现黑色十字图标时，拖动鼠标以设置该列列宽，或者选中某列，右击列号后从弹出的快捷菜单中选择“列宽”命令以设置列的宽度，如图 5-6 所示。

4. 设置行高

光标移到行号的下边框，当出现黑色十字图标时，拖动鼠标以设置该行高度，或者选中某行，右击行号后从弹出的快捷菜单中选择“行高”命令设置行的高度，如图 5-7 所示。

图 5-6　设置列宽

图 5-7　设置行高

5. 设置单元格格式

选中一个单元格，右击，从弹出的快捷菜单中选择“设置单元格格式”命令，打开“设置单元格格式”对话框。在该对话框中，可以设置单元格中文本的颜色、字体、字号、行和列对齐方式等，如图 5-8 所示。

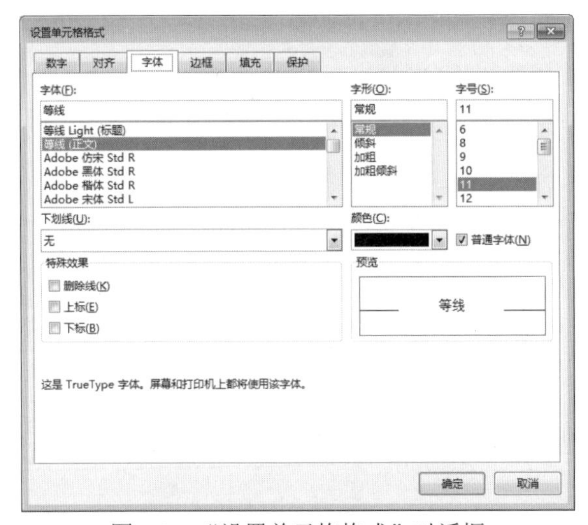

图 5-8　“设置单元格格式”对话框

6. 设置整个行或列的单元格格式

右击行号或列号，从弹出的快捷菜单中选择“设置单元格格式”命令，弹出“单元格格式”对话框，进行相应的设置。

5.3　工作表中使用公式和函数

5.3.1　常用函数的使用

在 Excel 2016 中，可以非常方便地使用函数进行数据的求和、求平均、求最大值等常用功能。使用函数需要进行以下操作。

(1) 选中要使用函数的单元格。

(2) 在该单元格中输入=号。

(3) 在单元格地址栏下拉选项中选择要使用的函数，完成相应的计算，如图 5-9 所示。

(4) 设置函数使用的单元格范围，即对哪些单元格进行计算，如图 5-10 所示。

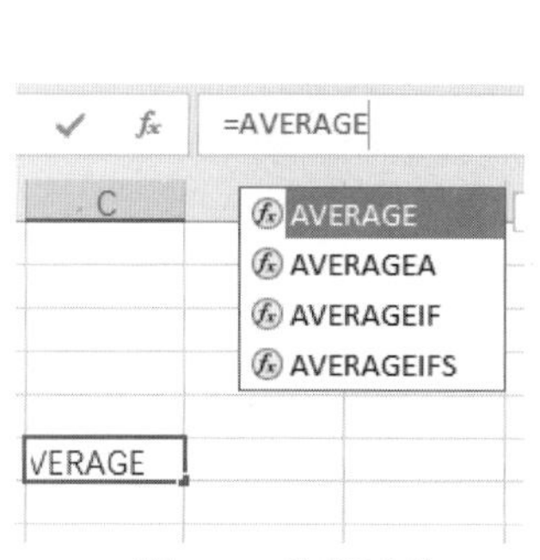

图 5-9　使用函数

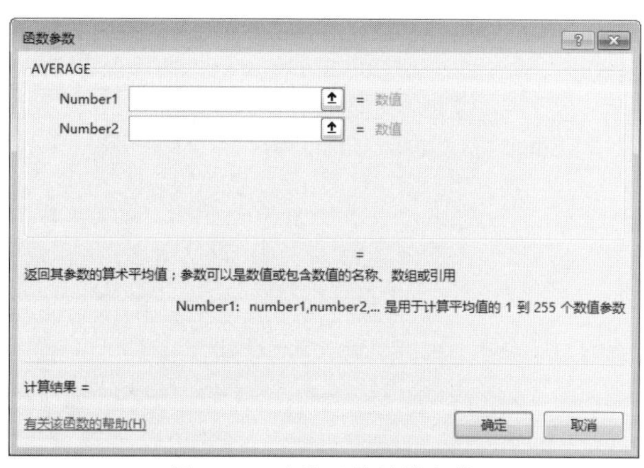

图 5-10　确认函数计算参数

在 Excel 2016 中常用的函数如表 5-1 所示。

表 5-1　常用函数

函数名称	主要功能
ABS	求出相应数字的绝对值
AND	返回逻辑值：如果所有参数值均为逻辑“真(TRUE)”，则返回逻辑“真(TRUE)”，反之，则返回逻辑“假(FALSE)”
AVERAGE	求出所有参数的算术平均值
COUNTIF	统计某个单元格区域中符合指定条件的单元格数目
DATE	给出指定数值的日期
DAY	求出指定日期或引用单元格中的日期的天数
IF	根据对指定条件的逻辑判断的真假结果，返回相对应的内容
LEFT	从一个文本字符串的第一个字符开始，截取指定数目的字符
OR	返回逻辑值，仅当所有参数值均为逻辑“假(FALSE)”时返回函数结果逻辑“假(FALSE)”，否则都返回逻辑“真(TRUE)”
RIGHT	从一个文本字符串的最后一个字符开始，截取指定数目的字符
SUM	计算所有参数数值的和
SUMIF	计算符合指定条件的单元格区域内的数值和
VLOOKUP	在数据表的首列查找指定的数值，并由此返回数据表当前行中指定列处的数值
LEN	统计文本字符串中字符数目
MAX	求出一组数中的最大值
MIN	求出一组数中的最小值
RAND	生成一个大于等于 0，小于 1 的随机数

5.3.2 公式的使用

在 Excel 2016 中，也可以使用自定义公式对单元格进行计算。要使用自定义公式需要进行以下操作。

(1) 选中要使用自定义公式的单元格。

(2) 在该单元格中输入=号。

(3) 在编辑栏中输入公式具体内容。

(4) 按 Enter 键，完成公式的输入，如图 5-11 所示。

E2 =AVERAGE(B2:D2)

	A	B	C	D	E	F
1	姓名	语文	数学	外语	平均成绩	
2	张军	87	98	76	=AVERAGE(B2:D2)	
3	刘涛	66	78	90		
4	李明	64	61	64		
5	王强	98	71	61		

图 5-11　输入公式

5.4　图表制作

Excel 2016 作为最常用的数据处理软件，信息都以表格的形式(工作表)进行管理。但是让大脑记住一连串的数字，以及它们之间的关系和趋势却非常困难。

为了让人更方便地使用和读懂数据，Excel 2016 提供了图表功能。这项功能可以将数据转换成图表的样式展示出来。图表化的数据更加有趣、吸引人，易于阅读和评价。

图表的可视化特性具有更强的数据表现力和吸引力。通常报纸、广告、杂志这些媒体运用图表可以更好地传达观点，营造极具冲击力的效果。如图 5-12 所示，通过中国 GDP 折线图能够更好地呈现中国 GDP 快速增长这一趋势。

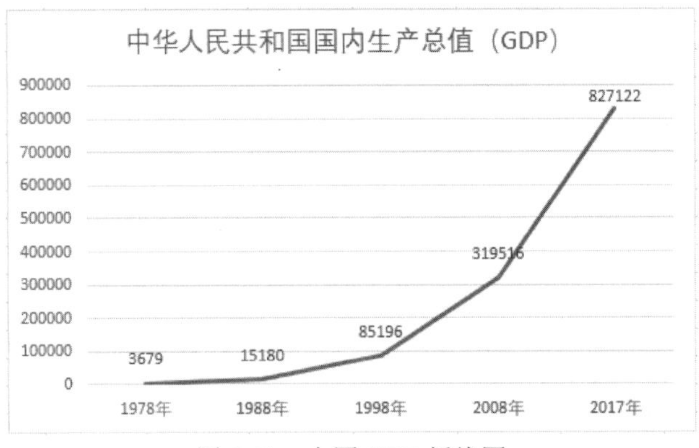

图 5-12　中国 GDP 折线图

折线图通常用于显示随时间而变化的连续数据，适用于呈现时间间隔相等(年、月、日)的数据趋势。如图 5-13 所示的多多超市销售汇总表折线图展示了啤酒、葡萄酒、空调、电视机这四种商品的销售数据，图中的每条折线都表现出了对应商品的月销售额随时间的变动趋势。

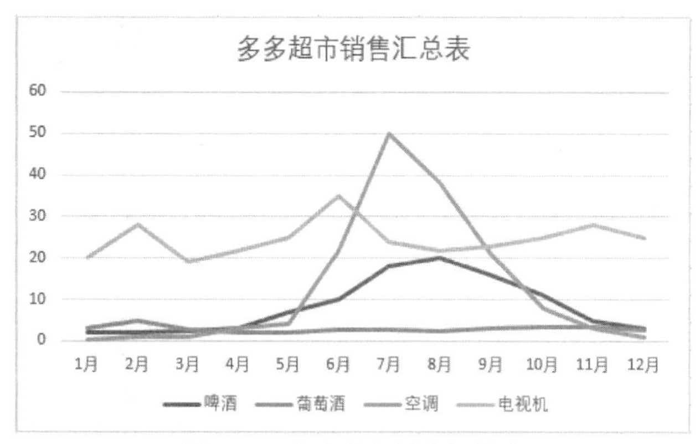

图 5-13　多多超市销售汇总表

5.4.1　制作数据源

制作折线图首先需要定义数据源，一个数据源包含三个部分，如图 5-14 所示。

A	B	C	D	E	F	G	H	I	J	K	L	M
销售汇总表												
	日期：2017年1月~2017年12月								单位：万元			
商品名称	1月	2月	3月	4月	5月	6月	7月	8月	9月	10月	11月	12月
啤酒	2	2	2.5	3	7	10	18	20	16	11	5	3
葡萄酒	3	5	2.8	2.2	2	2.6	2.9	2.5	3	3.5	3.3	2.6
空调	0.5	1	1	3	4	22	50	38	21	8	3	1
电视机	20	28	19	22	25	35	[illegible]	22	23	25	28	25

水平轴标签

图例项

数据

图 5-14　数据源

- 图例项：折线图中的一个数据项目(一条曲线)，可以是一种商品、一个统计项目等。
- 水平轴标签：折线图 X 轴，每个单元定义为相等时间间隔。案例中的水平轴标签从 1 月开始至 12 月结束，每个单元格代表一个月的时间周期。
- 数据：图例项在某段水平轴标签中的数值。案例中深色数据 2.9 表示葡萄酒在 7 月的销售额为 2.9 万元。

5.4.2　选择数据

在选中数据源区域(不包括标题、日期、单位)，选中 A3 至 M7 单元格中的数据，如图 5-15 所示。

销售汇总表												
	日期：2017年1月~2017年12月									单位：万元		
商品名称	1月	2月	3月	4月	5月	6月	7月	8月	9月	10月	11月	12月
啤酒	2	2	2.5	3	7	10	18	20	16	11	5	3
葡萄酒	3	5	2.8	2.2	2	2.6	2.9	2.5	3	3.5	3.3	2.6
空调	0.5	1	1	3	4	22	50	38	21	8	3	1
电视机	20	28	19	22	25	35	24	22	23	25	28	25

图 5-15　选中数据源

单击菜单栏中的“插入”菜单，然后在图表功能区中单击“插入折线图或面积图”图标，在弹出的菜单中单击“折线图”，如图 5-16 所示，Excel 2016 会生成相应的折线图，如图 5-13 所示。

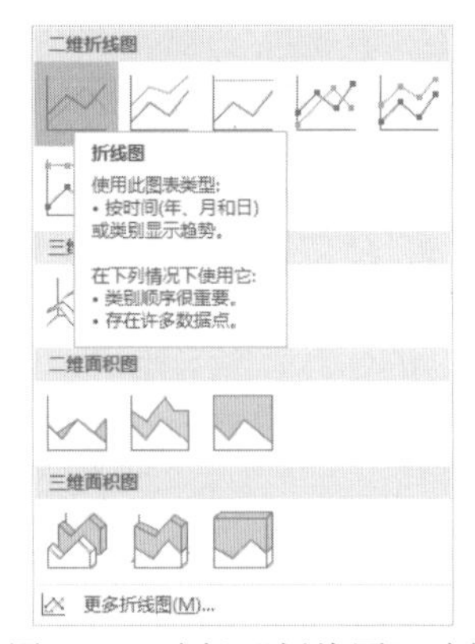

图 5-16　选择“折线图”功能

5.4.3　添加数据标签

为了让销售图表的数据更直观地展示，可以在折线上显示相应月份销售额。单击折线图右上方的+图标，在弹出的菜单中勾选“数据标签”，如图 5-17 所示。

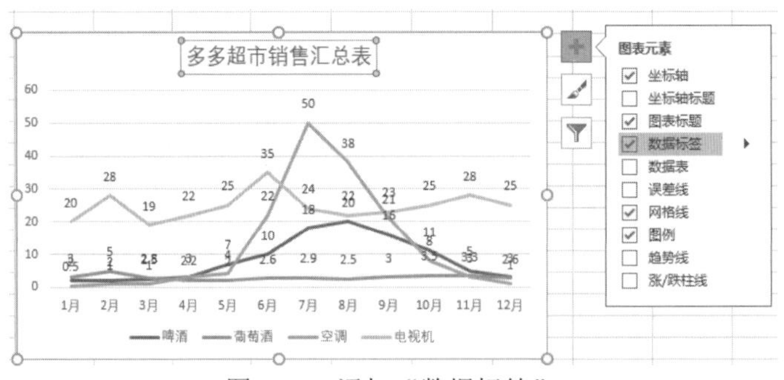

图 5-17　添加“数据标签”

5.4.4　筛选图表数据

折线图上有 4 种商品的数据显示，若现在只需要查看啤酒的数据，则可以进行数据设置，筛选掉多余的商品数据。在“折线图”的空白处右击，在弹出的快捷菜单中选择“选择数据”命令，如图 5-18 所示。

在“选择数据源”对话框中，取消选中葡萄酒、空调、电视机前的复选框，单击“确定”按钮，如图 5-19 所示。

图 5-18　数据设置

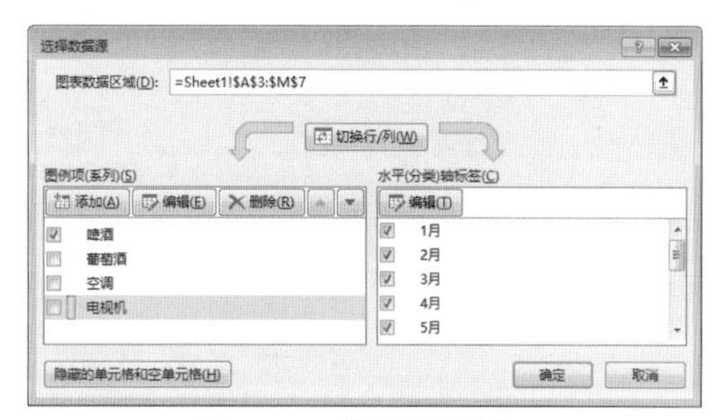

图 5-19　选择数据源

设置完成后折线图变为只显示啤酒销售额折线的图表，如图 5-20 所示。

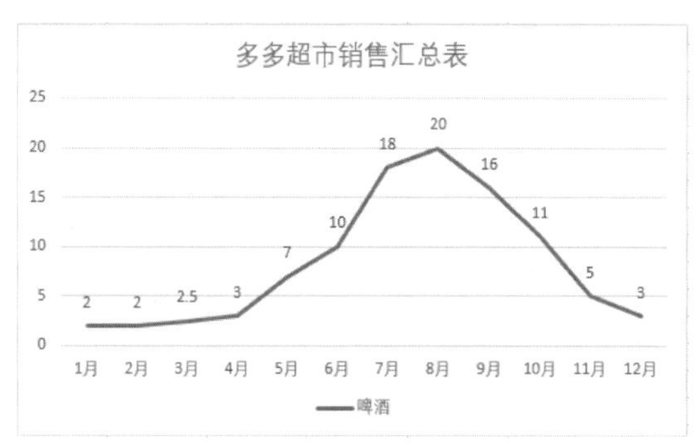

图 5-20　啤酒销售额折线图

5.5　数据透视表

一家手机连锁店需要分析一周的销售数据，因此分别从下辖的 5 家店铺中收集汇总了销售业务的数据，如图 5-21 所示。从销售明细报表中可以发现所有的销售数据无序地排列在表中，无法直接进行数据分析。

如何对手机连锁店的销售数据进行分析呢？数据分析的前提是对数据进行分类统计。这些销售数据有 4 种基本的统计口径(日期、店铺、产品类别、所属区域)。根据统计口径的不同，可以分别制作四张统计报表，如图 5-22 所示。

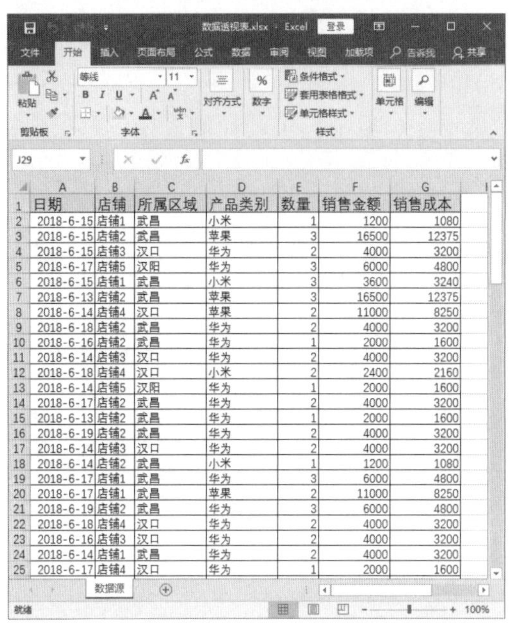

日期	店铺	所属区域	产品类别	数量	销售金额	销售成本
2018-6-15	店铺1	武昌	小米	1	1200	1080
2018-6-15	店铺2	武昌	苹果	3	16500	12375
2018-6-15	店铺3	汉口	华为	2	4000	3200
2018-6-17	店铺5	汉阳	华为	3	6000	4800
2018-6-15	店铺1	武昌	小米	3	3600	3240
2018-6-13	店铺2	武昌	苹果	3	16500	12375
2018-6-14	店铺4	汉口	苹果	2	11000	8250
2018-6-18	店铺2	武昌	华为	2	4000	3200
2018-6-16	店铺2	武昌	华为	1	2000	1600
2018-6-14	店铺3	汉口	华为	2	4000	3200
2018-6-18	店铺4	汉口	小米	2	2400	2160
2018-6-14	店铺5	汉阳	华为	1	2000	1600
2018-6-17	店铺2	武昌	华为	2	4000	3200
2018-6-13	店铺2	武昌	华为	1	2000	1600
2018-6-19	店铺2	武昌	华为	2	4000	3200
2018-6-14	店铺3	汉口	华为	2	4000	3200
2018-6-14	店铺2	武昌	小米	1	1200	1080
2018-6-17	店铺1	武昌	华为	3	6000	4800
2018-6-17	店铺1	武昌	苹果	2	11000	8250
2018-6-19	店铺2	武昌	华为	3	6000	4800
2018-6-18	店铺4	汉口	华为	2	4000	3200
2018-6-16	店铺3	汉口	华为	2	4000	3200
2018-6-14	店铺1	武昌	华为	2	4000	3200
2018-6-17	店铺4	汉口	华为	1	2000	1600

图 5-21　销售数据明细表

销售日报表

日期	数量	销售金额	销售成本
2018-6-13	14	46600	35990
2018-6-14	46	110700	88005
2018-6-15	32	89900	70285
2018-6-16	21	60600	47190
2018-6-17	47	112100	88715
2018-6-18	35	99100	77165
2018-6-19	8	14400	11760

店铺销售汇总表

店铺	数量	销售金额	销售成本
店铺1	35	84600	66990
店铺2	55	147500	115625
店铺3	57	156600	122390
店铺4	26	78700	61205
店铺5	30	66000	52900

产品类别汇总表

产品类别	数量	销售金额	销售成本
华为	115	230000	184000
苹果	46	253000	189750
小米	42	50400	45360

区域销售汇总表

所属区域	数量	销售金额	销售成本
汉口	83	235300	183595
汉阳	30	66000	52900
武昌	90	232100	182615

图 5-22　销售统计报表

以制作“销售日报表”为例，需要按日期统计汇总每天的销售数量、销售金额、销售成本。如果用手工的方式进行统计填写，会发现因工作量大、数据太多容易发生统计错误(可以试着以手工方式统计销售日报表)。Excel 2016 提供的数据透视表功能可以很便捷地进行数据统计，快速准确地制作出这些报表。

5.5.1　建立数据源

在制作分析报表前，首先要将数据整合成一维表的格式。为了更好地管理数据，将默认的工作表名 Sheet1 重命名为“数据源”。根据需求在“数据源”工作表的第一行定义出列名(列名不能重复)，然后从“工作表”的第二行开始依次填写数据(记录)。每一行数据(记录)代表在某家店铺中完成的一次销售业务，如图 5-23 所示。

	A	B	C	D	E	F	G
1	日期	店铺	所属区域	产品类别	数量	销售金额	销售成本
2	2018-6-15	店铺1	武昌	小米	1	1200	1080
3	2018-6-15	店铺2	武昌	苹果	3	16500	12375
4	2018-6-15	店铺3	汉口	华为	2	4000	3200
5	2018-6-17	店铺5	汉阳	华为	3	6000	4800
6	2018-6-15	店铺1	武昌	小米	3	3600	3240
7	2018-6-13	店铺2	武昌	苹果	3	16500	12375
8	2018-6-14	店铺4	汉口	苹果	2	11000	8250
9	2018-6-18	店铺2	武昌	华为	2	4000	3200
10	2018-6-16	店铺2	武昌	华为	1	2000	1600
11	2018-6-14	店铺3	汉口	华为	2	4000	3200
12	2018-6-18	店铺4	汉口	小米	2	2400	2160
13	2018-6-14	店铺5	汉阳	华为	1	2000	1600
14	2018-6-17	店铺2	武昌	华为	2	4000	3200
15	2018-6-13	店铺2	武昌	华为	1	2000	1600
16	2018-6-19	店铺2	武昌	华为	2	4000	3200

图 5-23　建立数据源

5.5.2　建立数据透视表

建立数据透视表的操作如下。

(1) 选中数据源区域 A 列至 G 列，选择“插入”菜单，单击“数据透视表”图标，如图 5-24 所示。

	A	B	C	D	E	F	G
1	日期	店铺	所属区域	产品类别	数量	销售金额	销售成本
2	2018-6-15	店铺1	武昌	小米	1	1200	1080
3	2018-6-15	店铺2	武昌	苹果	3	16500	12375
4	2018-6-15	店铺3	汉口	华为	2	4000	3200
5	2018-6-17	店铺5	汉阳	华为	3	6000	4800
6	2018-6-15	店铺1	武昌	小米	3	3600	3240
7	2018-6-13	店铺2	武昌	苹果	3	16500	12375
8	2018-6-14	店铺4	汉口	苹果	2	11000	8250
9	2018-6-18	店铺2	武昌	华为	2	4000	3200
10	2018-6-16	店铺2	武昌	华为	1	2000	1600
11	2018-6-14	店铺3	汉口	华为	2	4000	3200
12	2018-6-18	店铺4	汉口	小米	2	2400	2160
13	2018-6-14	店铺5	汉阳	华为	1	2000	1600
14	2018-6-17	店铺2	武昌	华为	2	4000	3200
15	2018-6-13	店铺2	武昌	华为	1	2000	1600
16	2018-6-19	店铺2	武昌	华为	2	4000	3200

图 5-24　数据源区域

(2) 在弹出的“创建数据透视表”对话框中可以发现“选择一个表或区域”框中的数据为“数据源!$A:$G”，这说明数据透视表将引用“数据源”表中 A 列至 G 列的数据，如图 5-25 所示。

图 5-25　创建数据透视表

数据透视表向导提供在“新工作表”或“现有工作表”创建数据透视表两种选项。通常建议在“新工作表”中生成数据透视表。完成这项设置后，单击“确定”按钮，这时 Excel 2016 中就出现了一个新的工作表。这个新的工作表左边是空白的“透视表区域”，右边是数据透视表的“字段设置区域”。在“字段设置区域”内可对字段进行拖动和设置，如图 5-26 所示。

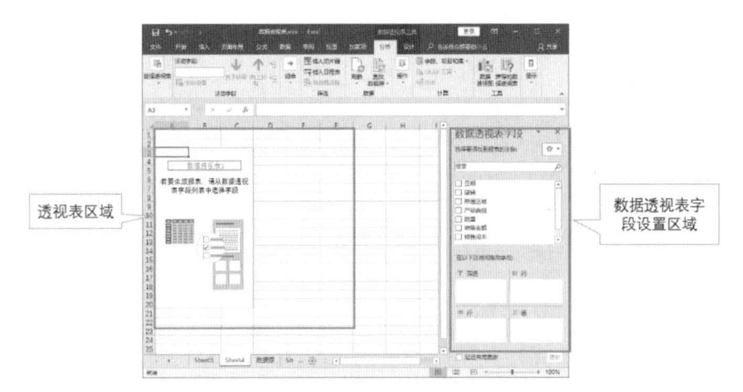

图 5-26　数据透视表界面

在“字段设置区域”中的“数据透视表字段”列表中分别显示了“日期”“店铺”“所属区域”“产品类别”“数量”等字段。这些字段来源于选中的“数据源”中的 7 列数据。可以将这些“字段”拖动到下面的 4 个框中对数据透视表进行设置。

例如制作销售汇总表时，首先将“日期”字段拖到“行标签”栏中，将“数量”“销售金额”“销售成本”拖动到“值”栏中。这时，可以看到数据透视表已经按照不同日期将销售数据进行了分类统计，如图 5-27 所示。

图 5-27　设置数据透视表

此时可以发现数据透视表与字段设置的对应关系，如图 5-28 所示。

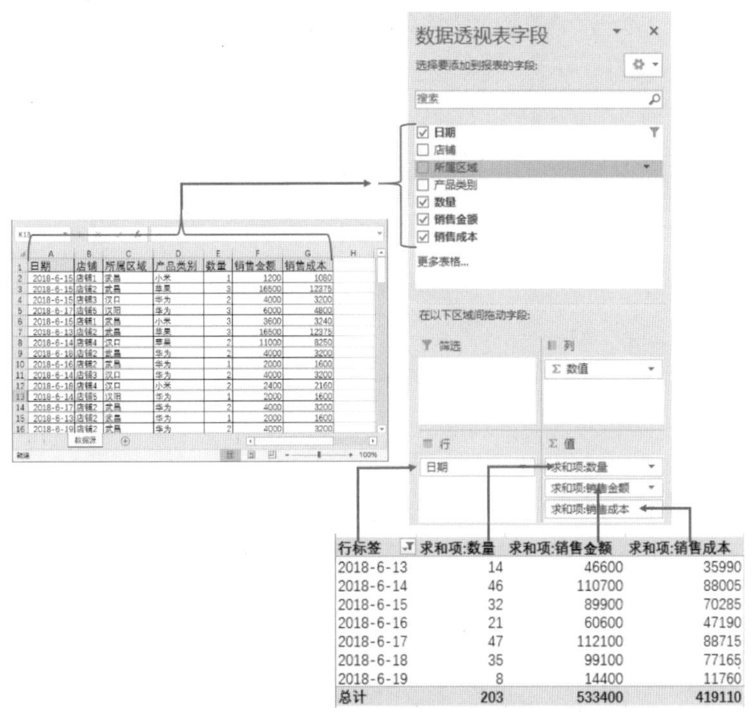

行标签	求和项:数量	求和项:销售金额	求和项:销售成本
2018-6-13	14	46600	35990
2018-6-14	46	110700	88005
2018-6-15	32	89900	70285
2018-6-16	21	60600	47190
2018-6-17	47	112100	88715
2018-6-18	35	99100	77165
2018-6-19	8	14400	11760
总计	203	533400	419110

图 5-28　数据透视表与字段设置的对应关系

5.5.3　改变数值的统计方法

在日销售统计表中需要统计 5 家店铺每天发生了多少笔销售业务。从图 5-27 可以了解到，当“数量”字段拖入“值”栏中，查看报表发现，“数量”栏默认根据汇总条件进行求和(累加)计算。如果需要统计每天的销售业务笔数，就需要改变“求和”默认设置。

依次把“店铺”和“日期”拖到“行标签”栏。把“数量”拖到“值”栏中，单击“值”栏中的“数量”，在弹出的菜单中单击“值字段设置”，将计算类型设置为“计数”，如图 5-29 和图 5-30 所示。

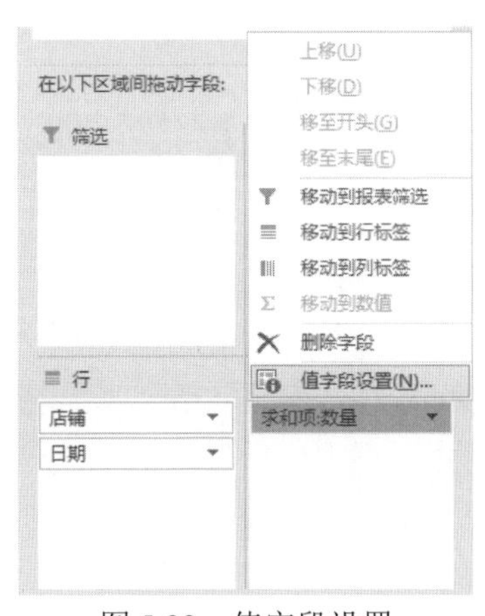

图 5-29　值字段设置

图 5-30　设置计算类型

设置完毕后可以看到表中“数量”列统计出了店铺共发生了多少笔销售业务，而不是销售数量合计。例如，“店铺 1”一周中发生 17 笔销售业务。在下面还列出了这 17 笔业务分别是在哪个日期实现的，如图 5-31 所示。

3	行标签	计数项:数量
4	⊟店铺1	17
5	2018-6-13	3
6	2018-6-14	2
7	2018-6-15	3
8	2018-6-16	1
9	2018-6-17	5
10	2018-6-18	3
11	⊟店铺2	27
12	2018-6-13	3
13	2018-6-14	5
14	2018-6-15	4
15	2018-6-16	2
16	2018-6-17	5
17	2018-6-18	6
18	2018-6-19	2

图 5-31　销售业务统计表

通过以上案例可以发现数据透视表是一种交互式报表，可以快速分类汇总大量的数据，并可以随时选择行和列中的不同元素，快速查看源数据的不同统计结果。同时还可以方便地进行数据筛选和分析。掌握这种工具可以更有效地分析复杂数据，让用户从编写大量公式的烦琐工作中解脱出来，使其迅速而准确地对数据进行处理分析，制作出漂亮的报告和图表。

【单元小结】

- Excel 2016 操作界面的基本组成
- 工作簿、工作表、单元格、活动单元格的概念
- 如何添加行和列，设置行和列的单元格格式
- 熟练掌握常用函数的使用
- 掌握自定义公式的使用
- 掌握图表制作方法
- 掌握数据透视表的制作方法

【单元自测】

1. Excel 2016 单元格显示的内容是#######形状，是因为(　　)。

   A. 数字输入错误

   B. 输入的数字长度超过单元格的当前列宽

   C. 以科学记数的形式表示该数字时，长度超过单元格的当前列宽

   D. 数字输入不符合单元格当前格式设置

2. 在 Excel 2016 的数据表中，每一个单元格由(　　)标识。

   A. 字母　　B. 数字

   C. 字母和数据　　D. 数字和字母

3. 如果要使用自定义公式，选中使用公式的单元格后，应输入(　　)符号。

   A. %　　B. =

   C. @　　D. /

4. 如果某个工作簿有 4 个工作表，当执行保存操作时，系统会将它保存到(　　)个工作簿文件中。

   A. 4　　B. 1

   C. 2　　D. 3

5. 函数 SUM(A1:C1)相当于自定义公式__________________。

【上机实战 1】

上机目标

熟悉 Excel 操作界面，输入数据，合并单元格，进行数据汇总。

上机练习

练习：创建空白工作簿，向单元格输入数据，设置表格格式，对数据进行汇总计算

【问题描述】

创建一个空白文档，命名为“某公司计算机软件销售汇总表.xls”。按照图 5-32 中的格式制作表格，单元格中所有数据居中对齐。

【问题分析】

本练习主要是学习如何制作表格，以及表格布局、公式和函数的使用。

【参考步骤】

(1) 创建工作簿，按照要求命名文件名。

(2) 根据图 5-32 制作表格，填写数据。

(3) 使用函数进行数据汇总，计算总销售额。

(4) 使用自定义公式计算上半年销售总额和下半年销售总额。

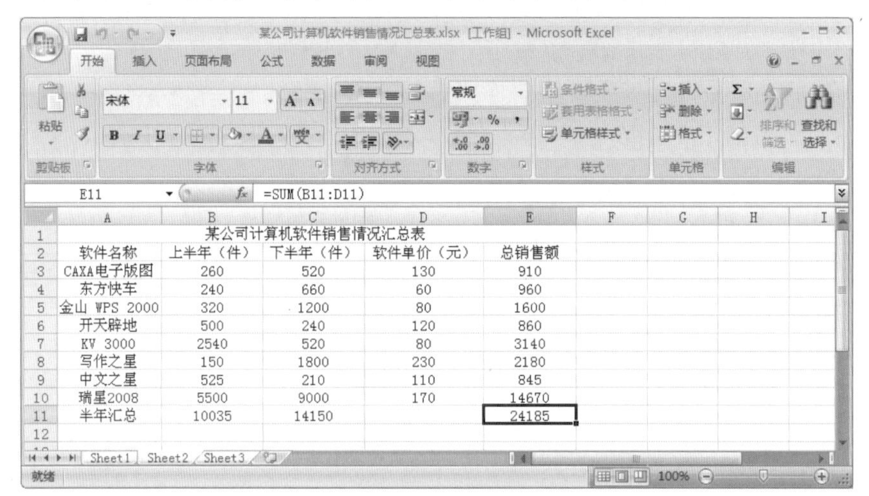

某公司计算机软件销售情况汇总表				
软件名称	上半年（件）	下半年（件）	软件单价（元）	总销售额
CAXA电子版图	260	520	130	910
东方快车	240	660	60	960
金山 WPS 2000	320	1200	80	1600
开天辟地	500	240	120	860
KV 3000	2540	520	80	3140
写作之星	150	1800	230	2180
中文之星	525	210	110	845
瑞星2008	5500	9000	170	14670
半年汇总	10035	14150		24185

图 5-32　表格

【上机实战 2】

上机目标

- 熟练使用数据透视表工具，根据要求定义出所需的统计报表
- 熟练使用图表制作工具，能够根据要求定义图表

上机练习

练习：根据数据源建立分析报表，同时按要求以图表的形式展示报表数据

【问题描述】

某公司 IT 部门因硬件升级和维修需要采购计算机配件。采购配件的业务数据登记在“某公司计算机配件采购明细表.xlsx”中，如图 5-33 所示。

统计各个申购部门采购计算机配件的采购数量和金额，然后使用图表展示出技术部采购的各种计算机配件的采购金额占比。

	A	B	C	D	E	F	G
1	申购部门	采购员	采购日期	配件	数量	单价	金额
2	财务部	张天成	2018年1月1日	主板	3	750	2250
3	市场部	张天成	2018年1月13日	主板	3	750	2250
4	技术部	蔡敏	2018年1月24日	显卡	3	2280	6840
5	财务部	张天成	2018年1月2日	主板	3	750	2250
6	财务部	张天成	2018年1月5日	硬盘	1	950	950
7	技术部	蔡敏	2018年2月10日	CPU	3	1250	3750
8	技术部	张天成	2018年2月12日	内存条	1	220	220
9	技术部	蔡敏	2018年2月13日	显卡	1	2280	2280
10	技术部	张天成	2018年2月15日	CPU	3	1250	3750
11	技术部	张天成	2018年2月20日	显示器	2	950	1900
12	财务部	蔡敏	2018年2月26日	主板	2	750	1500

图 5-33　某公司计算机配件采购明细表

【问题分析】

本练习主要是学习使用数据透视表，已经使用数据透视表中的数据建立饼形图表，如图 5-34 图 5-35 所示。

行标签	求和项:数量	求和项:金额
⊟财务部	32	41910
CPU	8	9200
显卡	9	20940
硬盘	3	2850
主板	12	8920
⊟技术部	52	60790
CPU	9	10800
内存条	9	2100
显卡	13	30140
显示器	3	2850
硬盘	8	7600
主板	10	7300
⊟市场部	10	11010
CPU	1	1100
显卡	2	4760
主板	7	5150
总计	94	113710

图 5-34　数据透视表

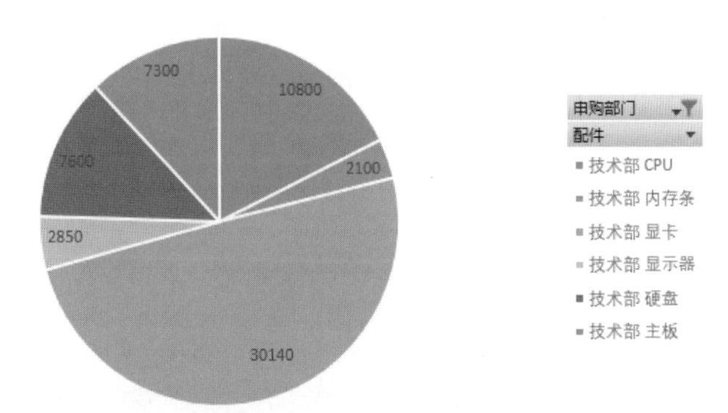

图 5-35　技术部计算机配件采购金额占比

【参考步骤】

(1) 选择数据源中的数据，建立数据透视表。

(2) 根据要求设置数据透视表相关字段和取值类型。

(3) 选择数据透视表中的数据源建立饼形图表。

(4) 调整饼形图表的标题及显示数据。

【拓展作业】

新建一个工作簿，制作如图 5-36 所示的表格(不用填写内容)。

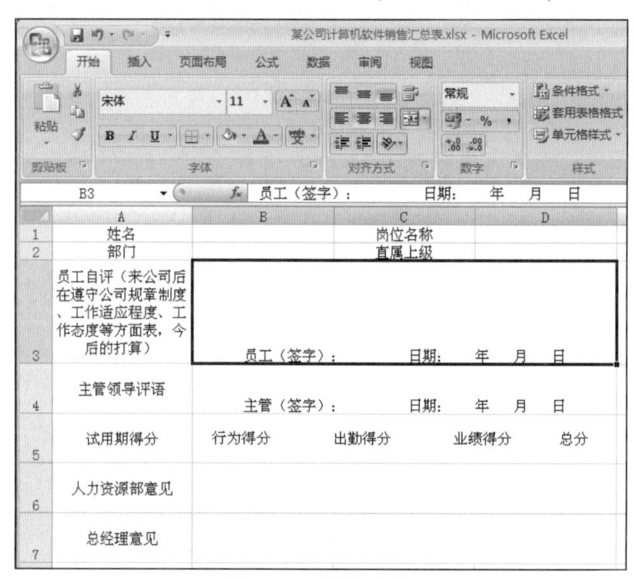

图 5-36　制作表格

单元 六

应用 PowerPoint 软件制作演示文稿

课程目标

- 会使用和制作 PPT 模板
- 能理解和使用幻灯片不同的视图
- 会使用 PPT 版式、母版
- 会在 PPT 中运用颜色、字体、表格
- 使用 PowerPoint 2016 为幻灯片添加动画

简 介

PowerPoint 和 Word、Excel 等应用软件一样，都是 Microsoft 公司推出的 Office 系列产品之一。

1987 年，微软公司收购了 PowerPoint 软件的开发商 Forethought of Menlo Park 公司。1990 年，微软将 PowerPoint 集成到办公套件 Office 中。PowerPoint 是专门用于制作演示文稿(俗称幻灯片)的软件，如图 6-1 所示，其广泛运用于各种会议、产品演示、学校教学，以及电视节目制作等。

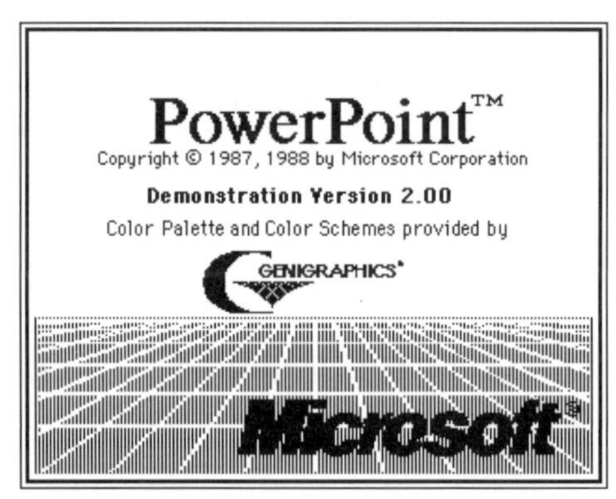

图 6-1　30 年前的 PowerPoint

Power 和 Point 在英文中各有其意，组成词组 PowerPoint 则指墙上的“电源插座”，而作为软件名称的 PowerPoint 显然不再是“电源插座”，有学者把它翻译成“力点”，就像把 Windows 译成“视窗”那样。通常，直接称之为 PowerPoint，而不管它究竟是插座还是力点，就像直呼 Excel，而不叫它“超越”那样。

利用 PowerPoint 制作出来的东西叫作演示文稿，它是一个文件，和之前版本以.ppt 为扩展名不一样，在 PowerPoint 2016 中，扩展名为.pptx。演示文稿中的每一页叫作幻灯片，每张幻灯片都是演示文稿中既相互独立又相互联系的内容。

PowerPoint 适用于设计制作专家报告、教师授课、产品演示、广告宣传的电子版幻灯片。它能够制作出集文字、图形、图像、声音，以及视频剪辑等多媒体元素于一体的演示文稿，把用户所要表达的信息组织在一组图文并茂的画面中，用于介绍公司的产品，展示自己的学术成果。用户不仅可以在投影仪或者计算机上进行演示，还可以将演示文稿打印出来，制作成胶片，以便应用到更广泛的领域中。利用 PowerPoint 不仅可以创建演示文稿，还可以在互联网上召开面对面会议、远程会议或在网上给观众展示演示文稿。

在本章中，如无特殊说明，PowerPoint 指的就是 PowerPoint 2016 版本。

6.1　PowerPoint 2016 的工作界面

首先来熟悉一下 PowerPoint 的工作界面。依次选择“开始”→“所有程序”→PowerPoint 图标，来启动 PowerPoint 2016，如图 6-2 所示。

图 6-2　PowerPoint 工作界面

(1) 标题栏。显示出软件的名称(Microsoft PowerPoint)和当前文档的名称(演示文稿 1)，在其右侧是常见的“最小化”“最大化/还原”“关闭”按钮。

(2) 菜单栏。位于标题栏下方，通过展开其中的每一条菜单，选择相应的命令，完成演示文稿的所有编辑操作。

(3) 幻灯片窗格。通过点选幻灯片可以快速查看、编辑整个演示文稿中的任意一张幻灯片。

(4) 工作区/编辑区。编辑幻灯片的工作区。

(5) 备注区。用来编辑幻灯片的一些“备注”文本。

(6) 状态栏。在此处显示出当前文档相应的某些状态要素。

6.2　制作演示文稿

演示文稿的制作，一般的操作步骤如下。

(1) 准备素材。主要是准备演示文稿中所需要的一些图片、声音、动画等文件。

(2) 确定方案。对演示文稿的整个构架做一个设计。

(3) 初步制作。将文本、图片等对象输入或插入相应的幻灯片中。

(4) 装饰处理。设置幻灯片中的相关对象的要素(包括字体、大小、动画等)，对幻灯片进行装饰处理。

(5) 预演播放。设置播放过程中的一些要素，然后播放(按快捷键 F5)查看效果，满意后正式输出播放。

在日常应用中，为了达到更好的演示效果，一般来说，要注意以下几个方面。

(1) 主题鲜明，文字简练。

(2) 结构清晰，逻辑性强。

(3) 和谐醒目，美观大方。

(4) 生动活泼，引人入胜。

应该尽量避免过于花哨，注意色彩、色系的平衡，文字的大小、多少，动画的合理性等。总之就是要使人看得清楚、听得明白，达到交流的目的。

根据不同的需求，可以选择不同的方式来创建演示文稿。

6.2.1 新建空白演示文稿

启动 PowerPoint 后，选择“文件”→“新建”命令，可以打开“新建演示文稿”界面，如图 6-3 所示。

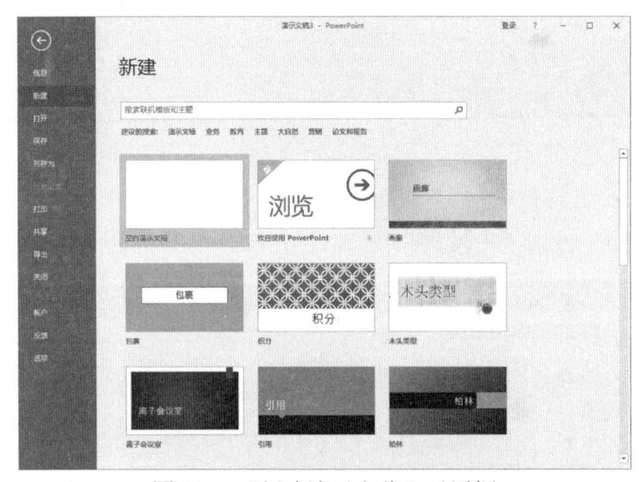

图 6-3 “新建演示文稿”对话框

在新建演示文稿面板中，提供了多种创建演示文稿的途径，如根据空白文稿、已安装的模板、已安装的主题及已有文稿来新建文稿等。

当选择模板中的“新建”选项后，中间一栏会给出在此模块内的所有子模板，而右侧面板则会显示当前子模板的缩略图。

单击左侧模板中的“空白演示文稿”，即可新建一个空白演示文稿。默认情况下，自带一张幻灯片，如图 6-4 所示。

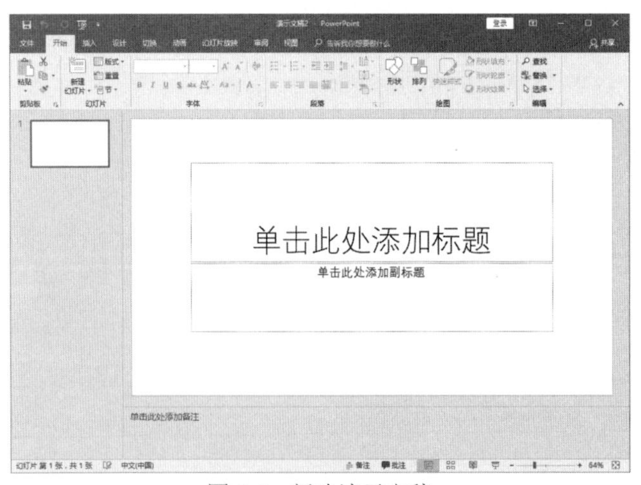

图 6-4 新建演示文稿

在第一张幻灯片内输入文字后，单击格式栏内的“新幻灯片”(按快捷键 Ctrl+M)，可创建更多的幻灯片。不过要注意的是：第一张幻灯片默认为“标题幻灯片”，后续添加的幻灯片默认为“普通幻灯片”。就像书的章节页面与书的普通页面一样，PowerPoint 支持这两种不同类型的幻灯片。请对比图 6-4 和图 6-5 编辑区的不同之处。

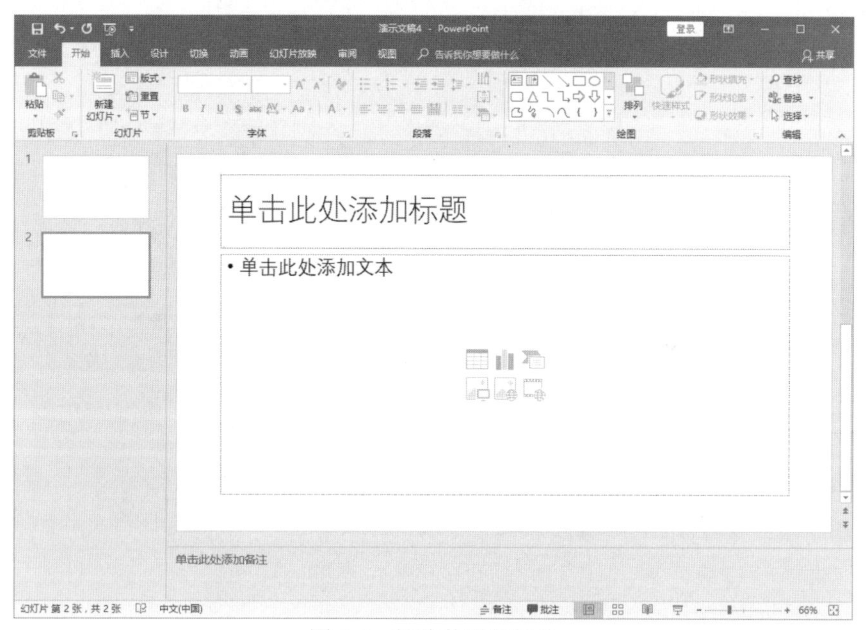

图 6-5　新建普通幻灯片

创建空白的演示文稿是最基本的新建文稿方式。可以在文本区域内输入自己的文字，以及设置字体大小。但是可以看到，这个文稿并没有设置任何的背景图片、文字颜色、动画等效果。

6.2.2　根据设计模板创建演示文稿

模板可以为演示文稿提供设计完整、专业的外观，包括项目符号和字体的类型与大小、占位符的大小和位置、背景设计和填充、配色方案、幻灯片母版和可选的标题母版、动画方案等。所以一般情况下，用户都会为自己创建的演示文稿应用一种或多种模板，模板可以自己制作，也可以到微软的网站上下载。

在新建演示文稿时可以选择或查找合适的 PPT 模板，如图 6-3 所示的界面。

可以看到 PowerPoint 软件提供了丰富的 PPT 模板和主题。

选择任意一个模板，单击“创建”按钮，即可根据该设计模板创建一个演示文稿。其中已包含了若干个幻灯片页面，如图 6-6 所示。

用户可以根据这个模板修改其中的内容，从而完成创建自己的演示文稿。把其中的文字改为适合自己演示的文字，立即就可以使用了。可见这种方式生成的幻灯片，不但为用户提供了模板，还提供了参考内容。当然，这仅仅是一种参考，而且并不是所有的情况都可以在这里找到合适的文稿类型，大多数情况下，还是需要自己来完善内容。

图 6-6　根据设计模板创建演示文稿

这里的第一张幻灯片叫作标题幻灯片，后面的幻灯片叫作普通幻灯片，它们的背景、文字大小等是有区别的，可以单独设置。在标题幻灯片中，如果想要把页脚、时间和页数去掉，或者修改这些元素，可以选择“插入”→“页眉和页脚”命令进行设置。

每次创建一张幻灯片，新幻灯片会自动应用某种版式，如图 6-7 所示。

图 6-7　新幻灯片版式

所谓幻灯片版式，就是指幻灯片上各元素的布局，其上面的占位符是系统预留的对象位置。PowerPoint 提供了多种版式，每种版式的结构图中都包含了多种占位符，可用于填入标题、文本、图片、图表、组织结构图、表格等。每种占位符都有提示文字，如“单击此处添加标题”“单击图标添加图片”等，可以在文本框或图片框上单击一下，再输入文字或选择图片插入。

根据模板创建的演示文稿，不但包含了幻灯片样式(主题)，而且还提供了示例幻灯片。如果只需要这种主题来编写每个幻灯片，那么可以采用根据已有主题创建演示文稿的方式。

6.2.3　根据已有主题创建演示文稿

主题是指幻灯片的风格和样式，如文字大小、背景颜色等。用户可以根据已经安装的主题来创建新演示文稿，如图 6-8 所示。

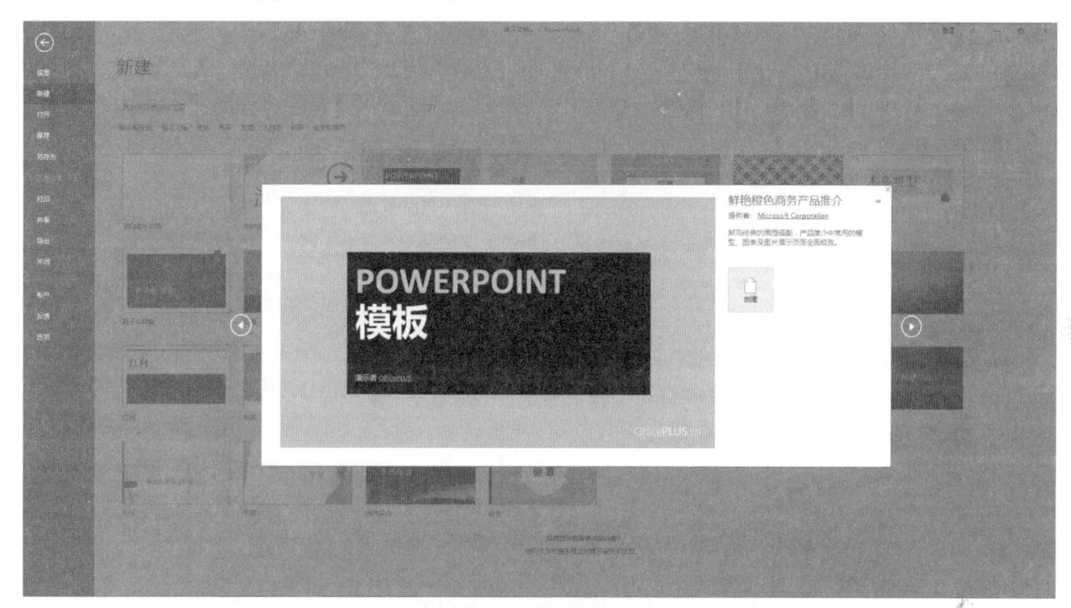

图 6-8　选择主题

单击“创建”按钮，该主题被应用在新建的演示文稿内，如图 6-9 所示。

图 6-9　新演示文稿

随后就可以着手编写每个幻灯片了。

前面介绍了 3 种创建演示文稿的方法：创建空白演示文稿、利用模板创建及根据某个主题创建，请区分这 3 种方法。如果根据以上 3 种方法还不足以满足用户创作演示文稿的需要，也可以到相关网站上搜索更多的模板。

6.2.4 修改新幻灯片的版式及配色方案

创建完幻灯片后，开始着手对幻灯片进行设计。例如，一张幻灯片既有文字，也有图片，怎样才能更合理地安排它们的位置呢？

用户可以手工打造，使用“插入”栏内的图片、相册、SmartArt、图表、艺术字、影片等丰富的工具。当然，微软早就为用户想好了，可以直接用版式工具来给新老幻灯片“换装”。

图 6-10 所示为上一节建立好文稿后的初始版式。

图 6-10 初始版式

下面为该幻灯片应用其他的版式。在幻灯片上右击，从弹出的快捷菜单中选择“版式”命令，再选择合适的版式即可，如图 6-11 所示。

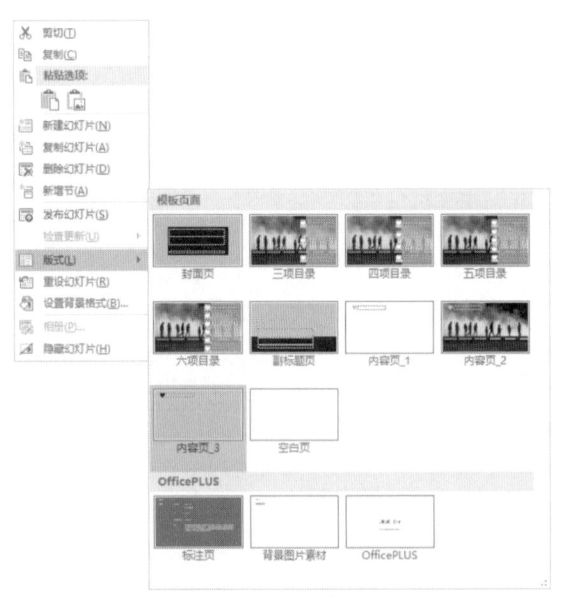

图 6-11 选择版式

这里选择“比较”版式。应用该版式后页面效果如图 6-12 所示。

图 6-12　“比较”版式页面效果

可以看到内容排版格式发生了变化，一栏变为了两栏，这样就省去了手工对幻灯片的操作。但是可以看到页面的背景、图片等并没有变化，所以说版式只是更改内容的排列组合方式。

当然，除了能够修改版式外，还能对演示文稿的主题进行修改。单击“设计”选项卡，选择合适的主题应用至幻灯片即可。如果要详细修改，在“设计”选项卡中，还提供了对幻灯片方向、颜色、字体、效果、背景等元素的单独修改按钮。与调整版式不同，调整主题后将只会更改幻灯片元素的显示效果，不会对元素的排版进行修改。

6.2.5　母版

以上生成的演示文稿中，都是微软在帮助用户做事情，如背景图片、文字大小等在每个模板内都是固定不变的。那么能不能用自己的东西呢？例如把自己的照片当作背景图片，或者把 Logo 放在每个页面的左上角。可不可以通过设置，一次性完成所有的幻灯片页面呢？答案当然是肯定的，做起来也是非常的简单——通过修改“母版”来实现。

选择“视图”→“母版”命令，进入幻灯片母版的编辑状态。

母版分为标题母版和普通幻灯片母版，标题母版的设置只对标题幻灯片起作用，普通幻灯片母版只对普通幻灯片起作用，各管各的，互不干涉。

在母版视图中，可以随心所欲地对母版进行操作，就像操作普通幻灯片一样，完成后单击“关闭母版视图”按钮退出幻灯片母版的编辑状态。

看看演示文稿有没有发生变化？而且，在以后添加新幻灯片时，只要类型符合(标题幻灯片或普通幻灯片)，该幻灯片将自动添加上对应母版内的图片。

同样的道理，如果在母版中设置了文字的大小、颜色等，那么也会应用到对应类型的幻灯片中，如图 6-13 所示。

图 6-13　修改母版

修改母版后，还可以把母版保存为模板，供以后重复使用。例如，以后新建了一个演示文稿，想和这个文稿格式保持一致，则只需要应用这种文稿格式设计模板即可。选择“开始”→“另存为”命令，在弹出对话框的“保存类型”中选择“演示文稿设计模板”，单击“保存”按钮即可，模板的文件格式为.potx，用户也可以顺便看看其他的保存类型有什么应用。例如，保存为“PowerPoint 放映(*.posx)”文件有什么用呢？

6.3 应用动画

为幻灯片上的文本、图形、图示、图表和其他对象添加动画效果，这样可以突出重点、控制信息流，并增加演示文稿的趣味性。

PowerPoint 所增添的一些动画功能，如路径动画、触发器等，不仅丰富了幻灯片放映的效果，还使得 PowerPoint 更接近于一个功能强大的多媒体创作工具，可以用它制作出效果出色的多媒体作品。

6.3.1 应用幻灯片切换动画

在幻灯片的播放过程中，幻灯片切换动画是指前一页幻灯片与后一页幻灯片之间的切换效果。在“动画”选项卡中，已经制定了多个幻灯片切换动画，直接应用即可，如图 6-14 所示。

图 6-14　幻灯片切换动画

还可以指定具体的切换时的效果细节，如图 6-15 所示。

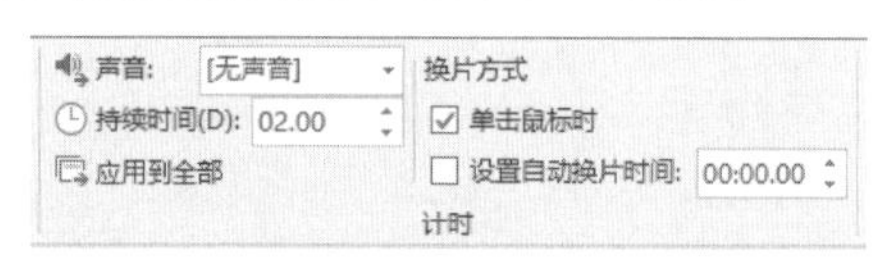

图 6-15　具体的幻灯片切换效果细节

6.3.2 应用自定义动画

使用“自定义动画”任务窗格，可以对每张幻灯片内各个对象的播放效果进行自定义设置。自定义动画可应用于幻灯片、占位符或段落(包括单个的项目符号或列表项目)中的项目。例如，可以将飞入动画应用于幻灯片中所有的项目，也可以将飞入动画应用于项目符号列表中的单个段落。同样，还可以对单个项目应用多个动画，这样就使项目符号项目在飞入后又可飞出。

选择一个需要添加动画的元素。在“动画”选项卡中，单击“添加动画”后，下方弹出“动画栏”菜单，如图 6-16 所示。

当选择幻灯片内的元素时，单击“添加动画”，在添加动画栏中有 3 种动画效果选项。

(1) 进入。其指元素进入幻灯片时，从无到有的动画效果。

(2) 强调。其指元素进入幻灯片后，强调显示的动画效果。

(3) 退出。其指元素在进入幻灯片后，退出幻灯片的动画效果。

在实际应用中的每张幻灯片，3 种动画效果并不一定都会应用到，可以结合自己的需要，灵活组织应用。除此以外，在“添加动画”中单击“其他动作路径”，这个功能可以指定幻灯片元素的移动路径，如图 6-17 所示。

图 6-16　添加动画栏

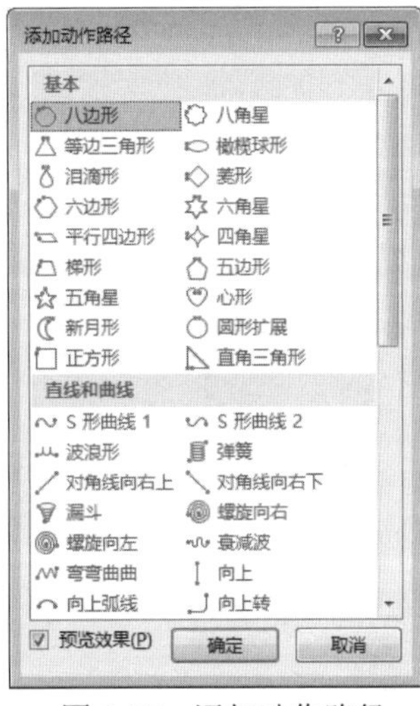

图 6-17　添加动作路径

【单元小结】

- 演示文稿广泛应用于专家报告、教师授课、产品演示、广告宣传等领域
- 可以根据模板和主题创建新演示文稿
- 可以通过母版来统一修改演示文稿的样式和版式
- 动画分为幻灯片切换动画与幻灯片元素的进入、强调、退出动画

【单元自测】

1. PowerPoint 2016 演示文稿的扩展名为(　　)。

　A. .docx　　　　B. .xls

　C. .ppt　　　　D. .pptx

2. PowerPoint 中，修改演示文稿的主题、背景等可以选择(　　)。

　A. “插入”选项卡　　　　B. “设计”选项卡

　C. “动画”选项卡　　　　D. “视图”选项卡

3. PowerPoint 中，启动演示文稿的放映，可以按(　　)键。

A. F3　　B. F4

C. F5　　D. F11

4. PowerPoint 中，为了设置幻灯片母版，可以(　　)。

A. 选择“设计”选项卡中的“页面设置”命令

B. 选择“视图”选项卡中的“讲义母版”命令

C. 选择“插入”选项卡中的 SmartArt 命令

D. 选择“视图”选项卡中的“幻灯片母版”命令

5. PowerPoint 中，添加新幻灯片可以(　　)。

A. 选择“插入”选项卡中的“新幻灯片”命令

B. 选择“幻灯片放映”选项卡中的“自定义幻灯片放映”命令

C. 选择“开始”选项卡中的“新建幻灯片”命令

D. 选择“格式”选项卡中的“页面设置”命令

【上机实战】

上机目标

- 演示文稿的制作流程
- 练习 PPT 版式、母版
- 在 PPT 中运用颜色、字体、表格
- 会为幻灯片添加动画

上机练习

◆ 第一阶段 ◆

练习 1：创建演示文稿

【问题描述】

用户已经学过了 PowerPoint 的基本知识，本上机部分将制作一个实际的演示文稿——旅途，让用户直观地了解到一个 PowerPoint 演示文稿的制作过程。

【参考步骤】

启动 PowerPoint 后，程序已经生成了一个空白的演示文稿。但这只是一个完全空白的幻灯片页面，考虑到后期设计的工作量太大，直接单击“新建”按钮，根据模板来创建新演示文稿。

如打算创建一个向朋友展示自己的演示文稿，在模板中找到“家庭相册”，该模板比较适合这种需求。

单击“创建”按钮后，生成了用户所需要的演示文稿，如图 6-18 所示。

练习 2：使用母版快速统一设计风格

先不要急于组织内容，否则看不顺眼时的反复修改会浪费不少时间。这里先把演示文稿的风格统一下来，再应用母版工具。

单击“视图”选项卡中的“幻灯片母版”，切换到幻灯片母版视图，如图6-19 所示。

图 6-18　生成的演示文稿

图 6-19　幻灯片母版视图

可以根据自己的需要调整字体大小和颜色等，然后关闭母版视图回到设计视图。

练习 3：组织幻灯片内容

这部分内容较简单，把自己的旅途风光搭配上语音即可。通过插入文本框及移动文本框向不同位置添加文字，并且也不必拘泥于母版内设置好的固定样式，可以选定文本后灵活更改字体的各种属性，也可以根据自己的情况添加多张幻灯片，类似效果如图 6-20 和图 6-22 所示。

图 6-20　封面

图 6-21　内容

可以借助“插入”菜单，给页面添加背景音乐，并设置音乐属性，如图6-22 所示。

图 6-22　添加背景音乐

设置声音播放器的效果，如图 6-23 所示。

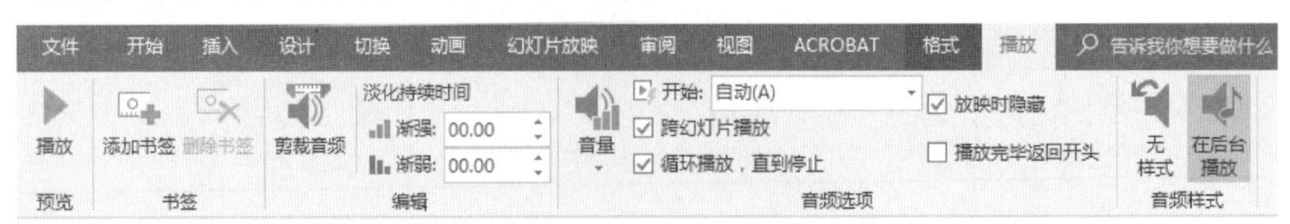

图 6-23　设置声音播放器的效果

由此完成剩下的其他幻灯片。

◆ 第二阶段 ◆

练习：设置幻灯片动画效果

选择“动画”选项卡，为幻灯片添加切换效果，并为幻灯片页面内的元素自定义动画。

设置好动画后，按 F5 键从头播放，或者按 Shift+F5 键从当前页面开始播放，看看效果如何。如果不满意，可对母版进行调整，或对单独的每一张幻灯片进行调整。

其实，幻灯片的制作并不复杂，较困难的是具体的美工设计和文本内容的组织。要注意的是，形式永远都是为内容服务的，在实际工作中必须首先注重内容，然后才是努力用最好的形式将内容表示出来，而不能相反。

【拓展作业】

利用 PowerPoint 制作一套演示文稿，内容可涉及多个方面，如自我介绍、兴趣爱好、家乡风景、历史典故、亲情友情等，并给大家演示。

单元 七

认识计算机网络和 Internet

课程目标

- 计算机网络简介
- 掌握计算机网络的分类
- 了解 TCP/IP
- 了解 Internet

简 介

计算机网络，是指将地理位置不同的具有独立功能的多台计算机及其外部设备，通过通信线路连接起来，在网络操作系统、网络管理软件及网络通信协议的管理和协调下，实现资源共享和信息传递的计算机系统。

简单地说，计算机网络就是通过电缆、电话线或无线通信将两台以上的计算机互联起来的集合。

计算机网络的发展经历了面向终端的单级计算机网络、计算机网络对计算机网络和开放式标准化计算机网络3个阶段。

计算机网络通俗地讲就是由多台计算机(或其他计算机网络设备)通过传输介质和软件物理(或逻辑)连接在一起组成的。总的来说，计算机网络的组成基本上包括计算机、网络操作系统、传输介质(可以是有形的，也可以是无形的，如无线网络的传输介质就是空气)以及相应的应用软件四部分。

在定义上非常简单：网络就是一群通过一定形式连接起来的计算机。

7.1 计算机网络的形成与发展

计算机网络是通信技术与计算机技术相结合的产物，它的诞生对人类社会的进步作出巨大贡献，它的迅速发展适应了社会对资源共享和信息传递日益增长的要求。经过50多年的发展，计算机网络技术已经进入了一个崭新的时代，特别是在当今的信息社会，网络技术已日益深入国民经济各部门和社会生活的各个方面，成为人们日常生活、工作中不可缺少的工具。

任何一种新技术的出现都必须具备两个条件：强烈的社会需求与先进技术的成熟。计算机网络技术的形成与发展也证实了上述规律。一般来说，计算机网络的发展可分为以下3个阶段。

第一阶段(20世纪50年代)：以单个计算机为中心的远程联机系统，构成面向终端的计算机通信网。

第二阶段(20世纪60年代末)：多个自主功能的主机通过通信线路互联，形成资源共享的计算机网络。

第三阶段(20世纪70年代末)：形成具有统一的网络体系结构、遵循国际标准化协议的计算机网络。

下面将详细介绍计算机网络的形成与发展。

1. 面向终端的计算机通信网

1946年世界上第一台电子计算机(ENIAC)在美国诞生时，计算机技术与通信技术并没有直接的联系。20世纪50年代初，美国为了自身的安全，在美国本土北部和加拿大境内，建立了一个半自动地面防空系统SAGE(赛其系统)，进行了计算机技术与通信技术相结合的尝试。

SAGE 系统中，在加拿大边境地带设立的警戒雷达可将天空中的飞机目标的方位、距离和高度等信息通过雷达录取设备自动录取下来，并转换成二进制的数字信号；然后通过数据通信设备和通信线路将它传送到北美防空司令部的信息处理中心，由大型计算机进行集中的防空信息处理。这种将计算机与通信设备的结合使用在当时是一种创新。因此，SAGE 的诞生被誉为计算机通信发展史上的里程碑。

在 SAGE 的基础上，实现了将地理位置分散的多个终端通过通信线路连接到一台中心计算机上。用户可以在自己办公室内的终端输入程序，通过通信线路传送到中心计算机，分时访问和使用其资源进行信息处理，处理结果再通过通信线路回送到用户终端显示或打印。人们把这种以单个计算机为中心的联机系统称作面向终端的远程联机系统。该系统是计算机技术与通信技术相结合而形成的计算机网络的雏形，因此也称为面向终端的计算机通信网。

具有通信功能的单机系统的典型结构是计算机通过多重线路控制器与远程终端相连。

在该系统中，计算机(主机)负责数据的处理和通信管理；终端(包括显示器和键盘，无CPU和内存)只有输入/输出功能，没有数据处理功能；调制解调器(Modem)进行计算机或终端的数字信号与电话线传输的模拟信号之间的转换；多重线路控制器的主要功能是完成串行(电话线路)和并行(计算机内部传输)传输的转换以及简单的差错控制。

2. 多个自主功能的主机通过通信线路互联的计算机网络

随着计算机应用的发展，出现了多台计算机互联的需求：将分布在不同地点的计算机通过通信线路互联成为计算机网络，使得网络用户不仅可以使用本地计算机的资源，也可以使用联网的其他计算机的软件、硬件与数据资源，以达到计算机资源共享的目的。20 世 60 年代在计算机通信网络的基础上，进行了网络体系结构与协议的研究，形成了计算机网络的基本概念，即“以能够相互共享资源为目的互联起来的具有独立功能的计算机之集合体”。这一阶段研究的典型代表是美国国防部高级研究计划局(Advanced Research Projects Agency，ARPA)的 ARPANET。

ARPANET 通过有线、无线与卫星通信线路，使网络覆盖了从美国本土到欧洲、夏威夷的广阔地域。ARPANET 是计算机网络技术发展的一个重要里程碑，它对计算机网络技术发展的主要贡献表现在以下几个方面。

(1) 完成了对计算机网络的定义、分类与子课题研究内容的描述。

(2) 提出了资源子网、通信子网的概念。

(3) 研究了报文分组交换的数据交换方法。

(4) 采用了层次结构的网络体系结构模型与协议体系。

3. 从 OSI 的确定到 Internet

随着网络技术的进步和各种网络产品的不断涌现，亟待解决不同系统互联的问题。1977 年，国际标准化组织(ISO)专门设立了一个委员会，提出了异种机构系统的标准框架，即开放系统互联参考模型(Open System Interconnection/Reference Model，OSIRM)。

1983 年，TCP/IP 被批准为美国军方的网络传输协议。同年，ARPANET 分化为 ARPANET 和 MILNET 两个网络。1984 年，美国国家科学基金会决定将教育科研网 NSFNET 与 ARPANET、MILNET 合并，运行 TCP/IP，向世界范围扩展，并将此网络命名为 Internet。

20 世纪 80 年代，局域网的飞速发展，使得计算模式发生了转变，即由原来的集中计算模式(以主机为主)，发展为分布计算模式(多个 PC 的独立平台)。

20 世纪 90 年代，计算机网络得以迅猛发展。1993 年，美国公布了国家信息基础设施(NII)发展计划，推动了国际范围内的网络发展的热潮；万维网(WWW)首次在 Internet 上露面，立即引起轰动并大获成功。万维网的最大贡献在于使 Internet 真正成为交互式的网络。人们可以访问网站，编辑网站上的内容，甚至可以在网站上发表自己的意见。同一年，浏览器/服务器(B/S)结构风靡全球。

7.2 计算机网络的定义

什么是计算机网络？将地理位置不同，具有独立功能的多个计算机系统通过通信设备和线路连接起来，并在网络软件的管理控制下，实现网络资源共享的系统，称为计算机网络。

通常计算机网络的构成必须具备以下 3 个要素。

(1) 至少有两台具有独立操作系统的计算机，能相互共享某种资源。

(2) 两个独立体之间需通过通信设备或其他通信手段互相连接。

(3) 两个或更多的独立体之间要相互通信，需遵守一定的规则，如通信协议、信息交换方式和体系标准等。

计算机网络的诞生，不仅使计算机的作用范围超越了地理位置的限制，方便了用户，也增强了计算机本身的功能。特别是近年来计算机性能价格比的提高，通信技术的迅猛发展，使网络在经济、军事、教育等领域发挥着越来越大的作用。其特点主要体现在以下几个方面。

(1) 资源共享。其目的是使网络上的用户，无论处于什么位置，也无论资源的物理位置在哪里，都能使用网络中的程序、数据和设备等。例如，在局域网中，服务器提供了大容量的硬盘，一些大型的应用软件只需安装在网络服务器上即可，用户工作站只需通过网络就可共享网络上的文件、数据等，从而降低了工作站在硬件配置方面的要求，甚至只用无盘工作站就可以完成数据的处理，极大地提高了系统资源的利用率。再如一些外围设备(如打印机、绘图仪等)，用户只需将它们设置成共享的网络设备，各个工作站就可以共享该设备。

(2) 通信。利用这一功能，地理位置分散的生产部门、业务部门等可通过计算机网络进行集中的控制和管理。目前流行的网络电话、视频会议、电子邮件等提供了快速的数字、语音、图形、视频等多种信息的传输，满足了信息社会的发展需要。

(3) 分布式处理。当某一计算中心任务很重时，可通过网络将要处理的任务分散到各个计算机上去处理，发挥各个计算机的优点，充分利用网络资源。

(4) 提高系统的可靠性。在工作过程中，一旦一台计算机出现故障，故障机就可由网络中的其他计算机来代替，避免了单机使用情况下，一旦计算机出现故障就会导致系统瘫痪，大大提高了工作的可靠性。

7.3　计算机网络系统的组成

从资源构成的角度讲，可以认为计算机网络是由硬件和软件组成的。从功能上讲，计算机网络逻辑上划分为资源子网和通信子网。

7.3.1　网络软件

在网络系统中，网络上的每个用户都可享用系统中的各种资源，所以，系统必须对用户进行控制，否则，就会造成系统混乱、信息数据的破坏和丢失。为了协调系统资源，系统需要通过软件工具对网络资源进行全面管理、合理调度和分配，并采取一系列安全措施，防止用户对数据和信息的不合理访问造成数据和信息的破坏与丢失。网络软件是实现网络功能所不可缺少的软环境。通常网络软件包括以下内容。

(1) 网络协议和通信软件。通过网络协议和通信软件可实现网络工作站之间的通信。

(2) 网络操作系统。网络操作系统用以实现系统资源共享，管理用户的应用程序对不同资源的访问，这是最主要的网络软件。

(3) 网络管理及网络应用软件。网络管理软件是用来对网络资源进行监控管理并对网络进行维护的软件。网络应用软件是为网络用户提供服务，网络用户用以在网络上解决实际问题的软件。

网络软件最重要的特征是：网络软件所研究的重点不是在网络中所互联的各个独立的计算机本身的功能方面，而是在如何实现网络特有的功能方面。

7.3.2　网络硬件

网络硬件是计算机网络的基础，主要包括主机、终端、联网的外部设备、传输介质和通信设备等。网络硬件的组合形式决定了计算机网络的类型。

1. 主机

传统定义中的主机(Host)是指网络系统的中心计算机(主计算机)，可以是大型机、中型机、小型机、工作站(Workstation)或者微型机。现在提到的主机多指连入网络的计算机，如 Internet 将入网计算机均称为主机。计算机将根据其中网络中的“服务”特征，分为网络服务器和网络工作站，对于对等网，每台计算机既是网络服务器也是网络工作站。

2. 终端

终端(Terminal)是用户访问网络的接口，包括显示器和键盘，其主要作用是实现信息的输入和输出，即把用户输入的信息转换为适合网络传输的信息，通过传输介质送给集中器、节点控制器或主机；或者把网络上其他节点通过传输介质传来的信息转换为用户能识别的信息，呈现在显示器上。

3. 传输介质

传输介质是网络中信息传输的物理通道。现在常用的网络传输介质可分为两类：一类是有线的，另一类是无线的。有线传输介质主要有双绞线(如图 7-1 所示)、同轴电缆(如图 7-2 所示)和光纤(如图 7-3 所示)等；无线传输介质主要有红外线、微波、无线电、激光和卫星信道等。

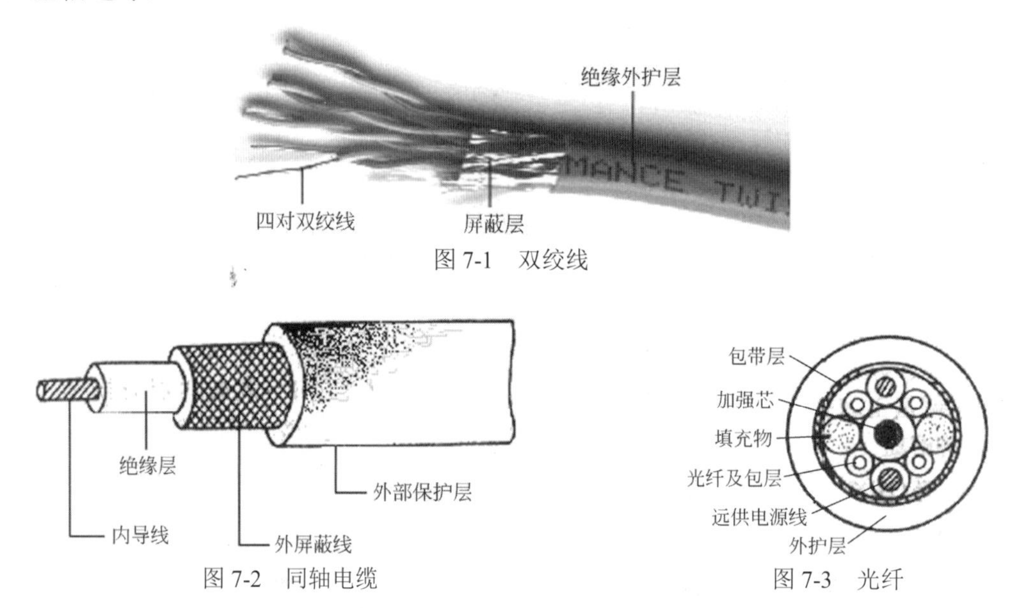

图 7-1　双绞线

图 7-2　同轴电缆

图 7-3　光纤

4. 常见联网设备

常见的联网设备有网卡(Network Interface Card，NIC)、调制解调器(Modem)、中继器(Repeater)、集线器(Hub)、路由器(Router)等。

7.4　计算机网络的分类

由于计算机网络的广泛使用，目前世界上已出现了多种形式的计算机网络。对网络的分类方法也很多，从不同角度观察网络、划分网络，有利于全面了解网络系统的各种特性。

7.4.1　按网络的拓扑结构分类

所谓“拓扑”，就是把实体抽象成与其大小、形状无关的“点”，而把连接实体的线路抽象成“线”，进而以图的形式来表示这些点与线之间关系的方法，其目的在于研究这些点、线之间的相连关系。表示点和线之间关系的图被称为拓扑结构图。

类似地，在计算机网络中，把计算机、终端及通信处理机等设备抽象成点，把连接这些设备的通信线路抽象成线，并将这些点和线构成的物理结构称为网络拓扑结构。网络拓扑结构反映出网络的结构关系，它对于网络的性能、可靠性和建设管理成本等都有着重要的影响，因此网络拓扑结构的设计在整个网络设计中占有十分重要的地位。在网络构建时，网络拓扑结构往往是首先要考虑的因素之一。

在计算机网络中常见的拓扑结构有星型、总线型、环型、网状和树状，如图 7-4 所示。

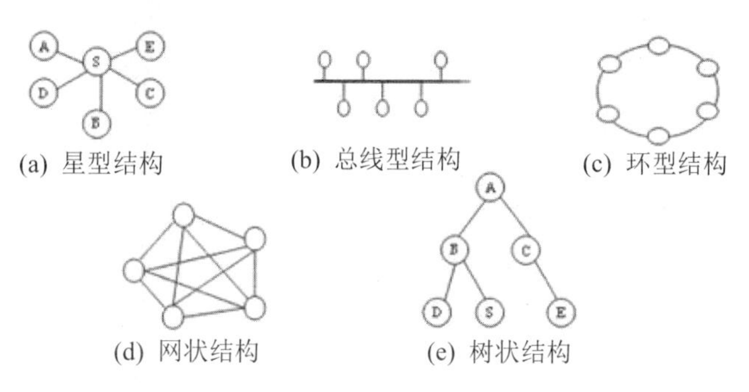

图 7-4　网络拓扑结构

1. 星型结构

星型结构由一个功能较强的中心节点以及一些通过点到点链路连到中心节点的从节点组成。各从节点间不能直接通信，从节点间的通信必须经过中心节点，如图 7-4(a)所示。例如，A 节点要向 B 节点发送，则 A 节点需先发给中心节点 S，再由中心节点 S 发送给 B 节点。

星型拓扑的网络具有结构简单、易于建网和易于管理等特点。但这种结构要耗费大量的电缆，同时中心节点的故障会直接造成整个网络的瘫痪。星型拓扑结构经常应用于局域网中。

2. 总线型结构

总线型结构如图 7-4(b)所示。网络中的所有节点均连接到一条称为总线的公共线路上，即所有的节点共享同一条数据通道，节点间通过广播进行通信，即由一个节点发出的信息可被网络上的多个节点所接收，而在一段时间内只允许一个节点传送信息。

总线型结构的优点是：连接形式简单，易于实现，组网灵活方便，所用的线缆最短，增加和撤销节点比较灵活，个别节点发生故障不影响网络中其他节点的正常工作。

缺点是：传输能力低，易发生“瓶颈”现象；安全性低，链路故障对网络的影响最大，总线的故障导致网络瘫痪。此外，节点数量的增多也影响网络性能。

3. 环型结构

环型结构如图7-4(c)所示，各节点通过链路连接，在网络中形成一个首尾相接的闭合环路，信息在环中做单向流动，通信线路共享。

环型结构的优点是：结构简单，容易实现，信息的传输延迟时间固定，且每个节点的通信机会相同。

缺点是：网络建成后，增加新的节点较困难。此外，链路故障对网络的影响较大，只要有一个节点或一处链路发生故障，则会造成整个网络的瘫痪。

4. 网状结构

网状结构如图 7-4(d)所示。在网状结构中，节点之间的连接是任意的，每个节点都有多条线路与其他节点相连，这样使得节点之间存在多条路径可选。

网状结构的优点是：可靠性好，节点的独立处理能力强，信息传输容量大。

缺点是：结构复杂，管理难度大，投资费用高。

网状结构是一种广域网常用的拓扑结构，互联网大多也采用这种结构。

5. 树状结构

树状结构是从总线型拓扑结构演变而来的，其形状像一棵倒置的树，顶端是树根，树根以下带分支，每个分支还可再带子分支。它是总线型结构的扩展，是在总线网上加上分支形成的，其传输介质可以有多条分支，但不形成闭合回路。树状网是一种分层网，其结构可以对称，联系固定，具有一定的容错能力，一般一个分支和节点的故障不影响另一分支节点的工作，任何一个节点送出的信息都可以传遍整个传输介质，也是广播式网络。

7.4.2 按网络的管理方式分类

网络按照其管理方式可分为客户机/服务器网络和对等网络。

1. 客户机/服务器网络(Client/Server)

在客户机/服务器网络(简称 C/S 结构)中，有一台或多台高性能的计算机专门为其他计算机提供服务，这类计算机称为服务器；而其他与之相连的用户计算机通过向服务器发出请求可获得相关服务，这类计算机称为客户机。

C/S 结构是最常用、最重要的一种网络类型。在这种网络中，多台客户机可以共享服务器提供的各种资源，可以实现有效的用户安全管理和用户数据管理，网络的安全性容易得到保证，计算机的权限、优先级易于控制，监控容易实现，网络管理能够规范化。但由于绝大多数操作都需通过服务器来进行，因而存在工作效率低、客户机上的资源无法实现直接共享等缺点。

2. 对等网络

对等网络是最简单的网络，网络中不需要专门的服务器，接入网络的每台计算机没有工作站和服务器之分，都是平等的，既可以使用其他计算机上的资源，也可以为其他计算机提供共享资源。比较适合于部门内部协同工作的小型网络。

对等网络组建简单，不需要专门的服务器，各用户分散管理自己计算机的资源，因而网络维护容易；但较难实现数据的集中管理与监控，整个系统的安全性也较低。

7.4.3　按网络的地理覆盖范围分类

网络按照其地理覆盖范围可分为局域网、城域网和广域网。

1. 局域网(Local Area Network，LAN)

局域网是在局部范围内构建的网络，其覆盖范围一般在几千米以内，通常不超过10km。对于局域网，美国电气电子工程师协会(IEEE)的局部地区网络标准委员会曾提出如下定义：“局部地区网络在下列方面与其他类型的数据网络不同：通信一般被限制在中等规模的地理区域内，如一座办公楼、一个仓库或一所学校；能够依靠具有从中等到较高数据率的物理通信信道，而且这种信道具有始终一致的低误码率；局部地区网是专用的，由单一组织机构所使用。”

局域网既是一个独立使用的网络，同时也是城域网或广域网的基本单位，通过局域网的互联，可构成满足不同需要的网络，因此局域网是网络的基础。局域网覆盖的地理范围有限，通常不涉及远程通信问题，因而易于组建，同时也便于维护和扩展。

局域网的主要特点可以归纳如下。

(1) 地理范围有限。参加组网的计算机通常处在1～2km的范围内。

(2) 具有较高的通频带宽，数据传输率高，一般为1～20Mb/s。

(3) 数据传输可靠，误码率低。传错率一般为10^{-7}～10^{-12}。

(4) 局域网大多采用总线型及环型拓扑结构，结构简单，实现容易。网上的计算机一般采用多路访问技术来访问信道。

(5) 网络的控制一般趋向于分布式，从而减少了对某个节点的依赖性，避免或减小了一个节点故障对整个网络的影响。

(6) 通常网络归一个单一组织所拥有和使用，也不受任何公共网络当局的规定约束，容易进行设备的更新和新技术的引用，不断增强网络功能。

2. 城域网(Metropolitan Area Network，MAN)

城域网的规模介于局域网与广域网之间，其范围可覆盖一个城市或地区，一般为几千米至几十千米。城域网的设计目标是要满足城市范围内的机关、工厂、医院等企事业单位的计算机联网需求，形成大量用户和多种信息传输的综合信息网络。城域网技术的特点之一是使用具有容错能力的双环结构，并具有动态分配带宽的能力，支持同步和异步数据传输，并可以使用光纤作为传输介质。

城域网的主要特征如下。

(1) 地理覆盖范围可达 100km。

(2) 传输速率为 45～150Mb/s。

(3) 工作站数大于 500 个。

(4) 传错率小于 10^{-9}。

(5) 传输介质主要是光纤。

(6) 既可用于专用网，又可用于公用网。

3. 广域网(Wide Area Network，WAN)

广域网又称远程网，是一种跨越较大地域的网络，其范围可跨越城市、地区，甚至国家。由于广域网分布距离较远，其通信速率要比局域网低得多，而信息传输误码率要比局域网高得多。

在广域网中，通常是租用分用线路进行通信，如利用公用电话网络、借助于卫星等。当然也有专门铺设的线路，这就需要完善的通信服务与网络管理。广域网的物理网络本身往往包含许多复杂的分组交换设备，通过通信线路连接起来，构成网状结构。由于广域网一般采用点对点的通信技术，所以必须解决路由问题。广域网与局域网相比，不仅建设投资高，运行管理费用也很大。

7.4.4 按网络的使用范围分类

网络按照使用范围可分为公用网和专用网。

1. 公用网(Public Network)

公用网一般是由国家邮电或电信部门建设的通信网络。按规定缴纳相关租用费用的部门和个人均可以使用公用网。

2. 专用网(Private Network)

专用网是为一个或几个部门所拥有，它只为拥有者提供服务，这种网络不向拥有者以外的人提供服务。例如，军队、铁路、电力系统等均拥有各自系统的专用网。随着信息时代的到来，各企业纷纷采用 Internet 技术建立内部专用网(Intranet)。它以 TCP/IP 协议作为基础，以 Web 为核心应用，构成统一和便利的信息交换平台。

7.5 TCP/IP 协议

协议是网络中计算机之间相互通信的一组规则或标准，有了协议，计算机之间就像拥有了可以相互沟通的语言，能够互相理解对方的意图，可以互相传递信息。在网络发展的过程中，协议也出现了很多种，所以计算机上的协议也需要相互一致，通信才能成功。不同的协议具有不同的功能，完成不同的任务。

TCP/IP Transmission 是用于计算机和大型网络之间相互通信的行业标准协议，也是使用最多的协议。

7.5.1　IP 地址

IP 地址是 IP 网络中数据传输的依据，它标识了 IP 网络中的一个连接，一台主机可以有多个 IP 地址。IP 分组中的 IP 地址在网络传输中是保持不变的。

现在的 IP 网络使用 32 位地址，以点分十进制表示，如 192.168.0.1。

地址格式为：IP 地址=网络地址+主机地址或 IP 地址=网络地址+子网地址+主机地址。

网络地址是由 Internet 权力机构(InterNIC)统一分配的，目的是保证网络地址的全球唯一性。主机地址是由各个网络的系统管理员分配。因此，网络地址的唯一性与网络内主机地址的唯一性确保了 IP 地址的全球唯一性。

7.5.2　IP 地址分类

IP 地址采用分层结构。IP 地址由网络号与主机号两部分组成。其中，网络号用来标识一个逻辑网络，主机号用来标识网络中的一台主机。一台 Internet 主机至少有一个 IP 地址，而且这个 IP 地址是全网唯一的。IP 地址分类如表 7-1 所示。

表 7-1　IP 地址分类

地 址 类 型	地 址 范 围	说　　明
A 类	001.hhh.hhh.hhh～127.hhh.hhh.hhh	第 1 段是网络 ID，其余 3 段是主机 ID
B 类	128.000.hhh.hhh～191.255.hhh.hhh	前 2 段是网络 ID，其余 2 段是主机 ID
C 类	192.000.000.hhh～223.255.255.hhh	前 3 段是网络 ID，最后 1 段是主机 ID
D 类	224.000.000.000～239.255.255.255	组播地址
E 类	240.000.000.000～255.255.255.255	研究用地址

7.6　Internet 基础知识

Internet 也称为因特网，是指由遍布世界各地的计算机和各种网络在 TCP/IP 协议基础上互联起来的网络集合体。凡采用 TCP/IP 协议，且能与 Internet 中任何一台主机进行通信的计算机都可以看成是 Internet 的组成部分。

7.6.1　Internet 的起源和发展

1. Internet 的起源

Internet 起源于美国国防部高级研究计划局(Advanced Research Projects Agency，ARPA)于

1968 年为冷战目的而研制的计算机实验网 ARPANET。

ARPANET 通过一组主机—主机间的网络控制协议(NCP)，把美国的几个军事及研究用计算机主机互相连接起来，目的是当网络的部分站点被损坏后，其他站点仍能正常工作，并且这些分散的站点能通过某种形式的通信网取得联系。1973年 ARPANET 实现了与挪威和英格兰的计算机网络互联。从 1973 年到 1974 年，TCP/IP 协议的体系结构和规范逐渐成形。

1982 年，ARPANET 又实现了与其他多个网络的互联，并开始全面由 NCP 协议转向 TCP/IP 协议。1983 年，ARPANET 分成两部分：一部分为军用网，称为 MILNET；另一部分为民用网，仍称 ARPANET。ARPANET 以 TCP/IP 协议作为标准协议，是早期的 Internet 主干网。TCP/IP 有一个非常重要的特点，就是开放性，即 TCP/IP 的规范和 Internet 的技术都是公开的，目的是使任何厂家生产的计算机都能相互通信，使 Internet 成为一个开放的系统，这正是后来 Internet 得到飞速发展的重要原因。

2. Internet 的发展

Internet 的真正发展是从美国国家科学基金会(National Science Foundation，NSF)1986 年建成的 NSFNET 广域网开始。1989 年，在 MILNET 实现和 NSFNET 的连接之后，Internet 的名称被正式采用，NSFNET 也因此彻底取代了 ARPANET 而成为 Internet 的主干网。自此以后，美国其他部门的计算机网络相继并入 Internet。到 20 世纪 90 年代初期，Internet 事实上已经成为一个网络的网络，即各个子网分别负责自己网络的架设和运作的费用，并通过 NSFNET 互联起来。1992 年，Internet 协会成立。

3. Internet 的普及

20 世纪 90 年代初，美国 IBM、MCI、MERIT 三家公司联合组建了一个 ANS(Advanced Network and Services)公司，建立了一个覆盖全美的 T3(44.746Mb/s)主干网 ANSNET，并成为 Internet 的另一个主干网。1991 年年底，NSFNET 的全部主干网都与 ANS 的主干网 ANSNET 联通。与 NSFNET 不同的是，ANSNET 属 ANS 公司所有，而 NSFNET 则是由美国政府资助的。

ANSNET 的出现使 Internet 开始走向商业化的新进程，1995 年 4 月 30 日，NSFNET 正式宣布停止运作。随着商业机构的介入，出现了大量的 ISP(Internet Service Provider，Internet 服务提供商)和 ICP(Internet Content Provider，Internet 内容提供商)，极大地丰富了 Internet 的服务和内容。世界各工业化国家，乃至一些发展中国家都纷纷实现了与 Internet 的连接，使 Internet 迅速发展扩大成全球性的计算机互联网络。目前加入 Internet 的国家已超过 150 个。

4. Internet 在中国的发展

1986 年，北京市计算机应用技术研究所实施的国际联网项目——中国学术网(Chinese Academic Network，CANET)启动，其合作伙伴是德国卡尔斯鲁厄大学。1987 年 9 月，CANET 在北京计算机应用技术研究所内正式建成中国第一个国际互联网电子邮件节点，揭开了中国人使用互联网的序幕。

1990 年 11 月 28 日，我国正式在 SRI-NIC(Stanford Research Institute's Network Information Center)注册登记了中国的顶级域名 CN，并且从此开通了使用中国顶级域名 CN 的国际电子邮件服务。

我国自 1994 年正式加入 Internet 后，并在同年开始建立与运行自己的域名体系，发展速度相当迅速。全国已建起具有相当规模与技术水平的 Internet 主干网。

1997 年 6 月 3 日，中国互联网信息中心(CNNIC)在北京成立，并开始管理我国的 Internet 主干网。CNNIC 的主要职责如下。

(1) 为我国的互联网用户提供域名注册、IP 地址分配等注册服务。

(2) 提供网络技术资料、政策与法规、入网方法、用户培训等信息服务。

(3) 提供网络通信目录、主页目录与各种信息库等目录服务。

CNNIC 的工作委员会由国内著名专家与主干互联网的代表组成，他们的具体任务是协助制定网络发展的方针与政策，协调我国的信息化建设工作。

7.6.2 Internet 的信息服务方式

Internet 的三个基本功能是共享资源、交流信息、发布和获取信息。为了实现这些功能，Internet 资源服务大多采用的是客户机/服务器模式，即在客户机与服务器中同时运行相应的程序，使用户通过自己的计算机，获取网络中服务器所提供的资源服务，如图 7-5 所示。

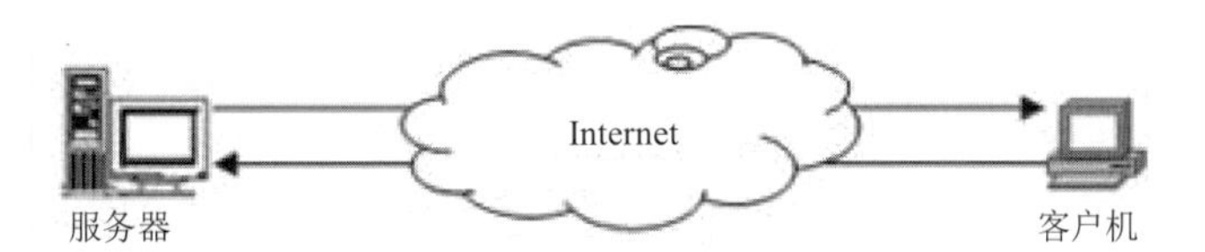

图 7-5 Internet 中的客户机/服务器模式

Internet 上具有丰富的信息资源，为用户提供各种各样的服务和应用。下面介绍四种常用的信息服务方式。

1. 电子邮件(E-mail)

电子邮件是一种通过计算机网络与其他用户进行联系的快速、简便、高效、价廉的现代化通信手段，是 Internet 上最受欢迎、最普遍的应用之一。

(1) 电子邮件的主要特点是应用范围广泛、通信效率高、使用方便。

(2) 电子邮件系统使用的协议是 SMTP 和 POP3，并采用“存储—转发”的工作方式。在这种工作方式下，当用户向对方发送邮件时，邮件从该用户的计算机发出，通过网络中的发送服务器和多台路由器中转，最后到达目的服务器，并把该邮件存储在对方的邮箱中；当对方启用电子邮件软件进行联机接收时，邮件再从其邮箱转发到他的计算机中。

(3) 与普通邮件一样，电子邮件也必须按地址发送。电子邮件地址标识邮箱在网络中的位置，其格式为(@表示 at 的含义)：×××@×××.×××。

(4) 电子邮件的地址具有唯一性，每个电子邮件只能对应于一个用户。但一个用户可以拥有多个电子邮件。

2. 远程登录(Telnet)

远程登录是指在 Telnet 协议的支持下，本地计算机通过网络暂时成为远程计算机终端的过程，使用户可以方便地使用异地主机上的硬件、软件资源及数据。

Telnet 远程登录程序由运行在用户的本地计算机(客户端)上的 Telnet 客户程序和运行在要登录的远程计算机(服务器端)上的 Telnet 服务器程序组成。

3. 文件传输(FTP)

在 Internet 上，利用文件传送协议，可以实现在各种不同类型的计算机系统之间传输各类文件。

使用文件传输服务，通常要求用户在 FTP 服务器上有注册账号。但是，在 Internet 上，许多 FTP 服务器提供匿名(Anonymous)服务，允许用户登录时以 Anonymous 为用户名，以自己的电子邮件地址作口令。出于安全考虑，大部分匿名服务器只允许匿名 FTP 用户下载文件，而不允许上传文件。

4. 万维网(WWW)

信息的浏览与查询是 Internet 提供的独具特色和最富有吸引力的服务。目前，使用最广泛和最方便的是基于超文本方式的、可提供交互式信息服务的 WWW(World Wide Web)。

WWW 不是传统意义上的物理网络，是基于 Internet、由软件和协议组成、以超文本文件为基础的全球分布式信息网络，所以称为万维网。常规文本由静态信息构成，而超文本的内部含有链接，使用户可在网上对其所追踪的主题从一个地方的文本转到另一个地方的另一个文本，实现网上漫游。正是这些超链接指向的纵横交错，使得分布在全球各地不同主机上的超文本文件(网页)能够链接在一起。

7.6.3 Internet 应用基础

WWW 采用文本、图片、动画、音频、视频等多媒体技术手段，向用户提供大量动态实时信息，而且界面友好，使用简单。

WWW 技术的基础有两个方面：超文本传输协议(Hyper Text Transfer Protocol，HTTP)和超文本标记语言(Hyper Text Markup Language，HTML)。HTTP 用于通信双方之间传递由 HTML 构成的信息，而 HTML 用于如何把信息显示给用户。与 Internet 上其他许多服务一样，WWW 采用 C/S 的工作方式。它的服务器就是 WWW 服务器(也称 Web 服务器)，它的客户机称为 Web 浏览器(Browser)。

HTTP 是一种请求响应类协议：客户机向服务器发送请求，服务器在 HTTP 默认的端口 80 响应请求，一旦连接成功，双方即可交换信息。

1. 基本知识

(1) 网站。网站是指以 Web 应用为基础，为用户提供信息和服务的 Internet 网络站点。

(2) 网页。网页是指在 Internet 上以 WWW 技术为用户提供信息的基本单元，因类似于图书的页面而得名，也可以看作是包含文字、图形、图像、动画、音频、视频等信息的容器。通过浏览器登录某个 Web 网站所能见到的第一个网页，称为主页，即 Homepage。

(3) HTML。HTML 是超文本标记语言的缩写，是一种 Web 网页的内容格式和结构的描述语言。实际上，网页的内容能够以文字、图形、图像、动画、音频、视频等形式通过浏览器生动地展现在用户面前，就是因为在网页中使用 HTML 标记来指定各种显示格式和效果，而浏览器则负责翻译并显示这些效果。

(4) HTTP。HTTP 是用于 WWW 客户机和服务器之间进行信息传输的协议，它是一种请求响应的协议：客户机向服务器发出请求，服务器则对这个请求做出响应。例如，由 HTML 标记语言构成的网页就是利用 HTTP 协议传送的。

(5) URL。URL 是全球统一资源定位器(Uniform Resource Locator)的缩写，用来唯一地标识某个网络资源，如网站的地址。

2. WWW 浏览器

Internet 中的网站成千上万，要想在网络的海洋里自由地冲浪，浏览器是必不可少的。那么什么是浏览器呢?

浏览器是一种基于 Web 技术的客户端软件，安装在网络用户的计算机上。用户利用浏览器向 Web 服务器提出服务请求，例如请求某网页，服务器响应请求后向用户发送所请求的网页，浏览器收到该网页后分析、解释网页的 HTML 标记，并按相应的格式和效果在用户的计算机上显示该网页。需要指出的是，当前许多 WWW 浏览器不仅仅是 HTML 文件的浏览器，同时也能作为 FTP、E-mail 等网络应用的客户端软件。

WWW 浏览器有很多种，其中最流行的是 Microsoft 公司的 IE(Internet Explorer)浏览器和 Netscape 公司的 Navigator 浏览器，这两种浏览器功能齐全，使用方便，绝大多数网站都支持这两种浏览器。

(1) Microsoft 公司的 Internet Explorer。Internet Explorer 是由美国 Microsoft 公司开发的 WWW 浏览器软件。Internet Explorer 的出现虽比 Navigator 晚一些，但由于 Microsoft 公司在计算机操作系统领域的优势，以及其本身是一个免费软件，它在浏览器市场的占有率逐年增长。新版本的 Internet Explorer 将 Internet 中使用的整套工具集成在一起。可以使用 Internet Explorer 来浏览主页、收发电子邮件、阅读新闻组、制作与发表主页或上网聊天。图 7-6 所示是 IE 6.0 打开后的窗口界面。

图 7-6　IE 浏览器窗口界面

(2) Netscape 公司的 Navigator。Navigator 是由美国 Netscape 公司开发的 WWW 浏览器软件。Navigator 的出现，给网络用户带来了很大的方便，得到了非常广泛的应用。新版本的 Navigator 软件将 Internet 中使用的整套工具集成在一起。可以使用 Navigator 来浏览主页、收发电子邮件、阅读新闻组、制作与发表主页或上网聊天。

3. 搜索引擎

Internet 中拥有数目众多的 WWW 服务器，而且 WWW 服务器所提供的信息种类和所覆盖的领域也极为丰富，如果要求用户了解每台 WWW 服务器的主机名，以及它所提供的资源种类，这简直就是天方夜谭。那么，用户如何能在数百万个网站中快速、有效地查找到想要得到的信息呢？这就要借助 Internet 中的搜索引擎。

搜索引擎是 Internet 上的一个 WWW 服务器，它的主要任务是在 Internet 中主动搜索其他 WWW 服务器中的信息并对其自动索引，将索引内容存储在可供查询的大型数据库中，用户可以利用搜索引擎所提供的分类目录查找所需要的信息。

用户在使用搜索引擎之前必须要知道搜索引擎站点的主机名，通过该主机名用户便可以访问到搜索引擎站点的主页。使用搜索引擎，用户只需要知道自己要查找什么，或要查找的信息属于哪一类。当用户将自己要查找信息的关键字告诉搜索引擎后，搜索引擎会返回给用户包含该关键字信息的 URL，并提供通向该站点的链接，用户通过这些链接便可以获取所需的信息。图 7-7 所示是目前用户比较喜欢的百度搜索引擎的主界面。

图 7-7　百度搜索引擎主界面

7.6.4　文件传输服务

1. 文件传输的概念

文件传输服务又称为 FTP 服务，它是 Internet 中最早提供的服务功能之一，在 Internet 上，利用文件传输服务，可以实现在各种不同类型的计算机系统之间传输各类文件。

文件传输服务是由 FTP 应用程序提供的，而 FTP 应用程序遵循的是 TCP/IP 协议组中的文件传输协议，它允许用户将文件从一台计算机传输到另一台计算机，并且能保证传输的可靠性。

由于采用 TCP/IP 协议作为 Internet 的基本协议，因此，无论两台 Internet 的计算机在地理位置上相距多远，只要它们都支持 FTP 协议，那么它们之间就可以随意地相互传送文件。这样做不仅可以节省实时联机的费用，而且可以方便地阅读与处理传输过来的文件。

在 Internet 中，许多公司、学校的主机上含有数量众多的各种程序与文件，这是 Internet 的巨大与宝贵的信息资源。通过使用 FTP 服务，用户就可以方便地访问这些信息资源。采用 FTP 传输文件时，不需要对文件进行复杂的转换，因此 FTP 服务的效率比较高。在使用 FTP 服务后，等于使每个联网的计算机都拥有一个容量巨大的备份文件库，这是单个计算机无法比拟的优势。

2. 文件传输的工作过程

FTP 服务采用的是典型的客户机/服务器工作模式，它的工作过程如图 7-8 所示。提供

FTP 服务的计算机称为 FTP 服务器，它通常是信息服务提供者的计算机，相当于一个文件仓库。用户的本地计算机称为客户机。我们将文件从 FTP 服务器传输到客户机的过程称为下载；而将文件从客户机传输到 FTP 服务器的过程称为上传。

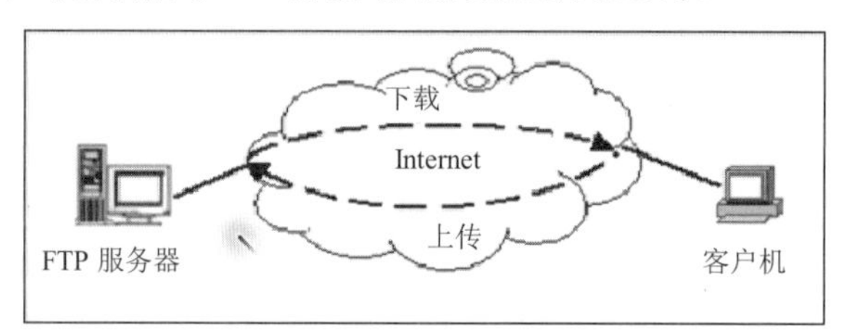

图 7-8　FTP 传输工作过程

FTP 服务是一种实时的联机服务，用户在访问 FTP 服务器之前必须进行登录，登录要求用户给出其在 FTP 服务器上的合法账号和口令。只有成功登录的用户才能访问该 FTP 服务器，并对授权的文件进行查阅和传输。FTP 的这种工作方式限制了 Internet 上一些公用文件和资源的发布。为此，多数的 FTP 服务器都提供了一种匿名服务。

3. 匿名 FTP 服务

匿名 FTP 服务的实质是：提供服务的机构在它的 FTP 服务器上建立一个公开账户(一般为 Anonymous)，并赋予该账户访问公共目录的权限，以便提供免费服务。如果用户要访问这些提供匿名服务的 FTP 服务器，一般不需要输入用户名与用户密码。如果需要输入它们，可以用 Anonymous 作为用户名，用 Guest 作为用户密码；有些 FTP 服务器可能会要求用户用自己的电子邮件地址作为用户密码。提供这类服务的服务器叫作匿名 FTP 服务器。

目前，Internet 用户使用的大多数 FTP 都是匿名服务。为了保证 FTP 服务器的安全，几乎所有的匿名 FTP 服务都只允许用户下载文件，而不允许用户上传文件。

4. FTP 客户端程序

目前，常用的 FTP 客户端程序有以下三种类型：传统的 FTP 命令行、浏览器与 FTP 下载工具。

传统的 FTP 命令行是最早的 FTP 客户端程序，它在 Windows 95 中仍然能够使用，但是需要进入 MS-DOS 窗口。FTP 命令包括 50 多条命令，初学者比较难于使用。

目前的浏览器不但支持 WWW 方式访问，还支持 FTP 方式访问，通过它可以直接登录到 FTP 服务器并下载文件。例如，如果要访问南开大学的 FTP 服务器，只需在 URL 地址栏中输入 ftp://ftp.nankai.edu.cn 即可。

在使用 FTP 命令行或浏览器从 FTP 服务器下载文件时，如果在下载过程中网络连接意外中断，下载的那部分文件将会前功尽弃。FTP 下载工具可以解决这个问题，通过断点续传功能就可以继续进行剩余部分的传输。目前，常用的 FTP 下载工具主要有 CuteFTP、LeapFTP 等。

7.6.5 Internet 常见术语

- Internet：因特网，也叫互联网，全球的计算机网络彼此互联达到服务与资源的共享。
- ISP：因特网服务提供商(Internet Service Provider)。
- Web：万维网(World Wide Web)，缩写为 WWW 或简称为 Web。
- 超文本：一种全局性的信息结构，它将文档中的不同部分通过文字建立连接，使信息得以用交互式方式搜索。
- HTTP：超文本传输协议，用来实现主页信息的传送。
- 主页：通过万维网进行信息查询时的起始信息页，即常说的网络站点的 WWW 首页。
- BBS：Bulletin Board System，即电子公告栏系统。
- E-mail：电子邮件(Electronic mail)，通过网络来传递的邮件。
- FTP：超文本传输协议，用来实现主页信息的传送。
- HTML：超文本标记语言，用来制作 Web 页面，页面的扩展名为 html 或 htm。
- POP：Post Office Protocol，因特网上收取电子邮件的通信协议。
- SMTP：Simple Mail Transfer Protocol，因特网邮件发送协议。
- TCP/IP：传输控制协议和互联网络协议，因特网上使用最广泛的网络通信协议。

【单元小结】

- 计算机网络，是指将地理位置不同的具有独立功能的多台计算机及其外部设备，通过通信线路连接起来，在网络操作系统、网络管理软件及网络通信协议的管理和协调下，实现资源共享和信息传递的计算机系统
- 计算机网络的主要作用：资源共享、通信、分布式处理、提高系统的可靠性
- 计算机网络中常见的拓扑结构有星型、总线型、环型、网状和树状
- IP 地址分类
- Internet 中常见的应用

【单元自测】

1. 计算机网络如果按地理覆盖范围进行分类，可分为________、________和________。
2. IP 地址由________和________组成。
3. 常用的三类 IP 地址的有效网络号的范围为：A 类________，B 类________，C 类________。
4. B 类子网的子网掩码是________。

【上机实战】

上机目标

熟悉 IP 地址查询。

上机练习

练习：查询本机的 IP 地址

【问题描述】

如何通过命令行查询本机的 IP 地址。

【问题分析】

本练习主要是学习使用命令行查询本机的 IP 地址。

【参考步骤】

(1) 打开命令行窗口。

(2) 在命令行窗口中输入 ipconfig。

(3) 在黑窗口中会显示如图 7-9 所示的效果图。

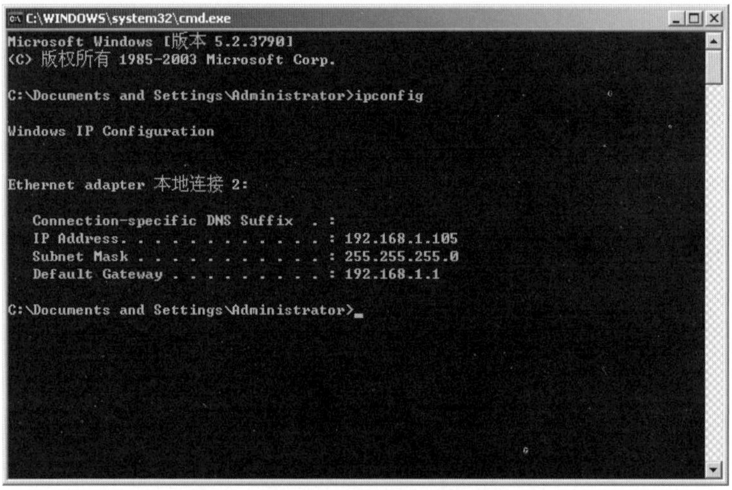

```
C:\WINDOWS\system32\cmd.exe
Microsoft Windows [版本 5.2.3790]
(C) 版权所有 1985-2003 Microsoft Corp.

C:\Documents and Settings\Administrator>ipconfig

Windows IP Configuration


Ethernet adapter 本地连接 2:

   Connection-specific DNS Suffix  . :
   IP Address. . . . . . . . . . . . : 192.168.1.105
   Subnet Mask . . . . . . . . . . . : 255.255.255.0
   Default Gateway . . . . . . . . . : 192.168.1.1

C:\Documents and Settings\Administrator>_
```

图 7-9　查询本机 IP 地址最终效果

【拓展作业】

请使用 Ping 命令，判断自己的计算机是否能与百度(www.baidu.com)相连。

单元八

结构(选)

课程目标

- 掌握集合、队列、栈
- 掌握树、网

简 介

本单元主要讲解集合、队列和栈等结构的基本特征、相关操作，以及在计算机语言中的描述。通过本单元的学习，同学们可以熟练地掌握集合、队列和栈的相关操作，为今后的编程打下良好的基础。

作为一个程序员，我们往往面临一个问题，就是要将现实生活中的一些事物在计算机中给出一种表述方法，这种表述方法要求很方便地存储或者很方便程序的计算，因此表述方法在很大程度上归结为数据的存储方式、数据的关联方式和数据的操作方法。

比如现在要做一个城市公交的管理系统，首先就面临一个问题：如何在计算机中保存城市中这些站点、道路的信息，如图 8-1 所示。

图 8-1 城市公交管理系统相关信息

如果要在计算机中保存图 8-1 中的路线信息，该如何做呢？首先要记录每个地点在地图上的坐标位置，如表 8-1 所示。

表 8-1 记录每个地点在地图上的坐标位置

地点编号	地点名称	经度	维度
0001	亚贸		
0002	劝业场		
0003	武汉大学		
0004	珞珈山		
0005	街道口		
0006	广埠屯		
0007	广八路		

表 8-1 中每个地点编号代表唯一一个站点，不相互重复。横向的每一个记录表示一个站点信息，而每个站点信息都会存储相同的信息，这样就形成了一个表示站点信息的结构。

可上面的信息中只是记录了每个地点在什么地方，没有存储到底哪些地点是相关的，或者说在哪两个地点之间存在道路。因此还需要记录一个道路信息，可以用如下方法存储，如表 8-2 所示。

表 8-2 记录道路信息

站点一	站点二	路名
0001	0002	劝业场路
0002	0003	学府路
0001	0005	武珞路
0005	0002	珞狮北路
0002	0004	珞狮北路
0004	0003	八一路
0003	0006	八一路
0006	0007	广八路
0005	0006	武珞路

由于每个站点有一个唯一的编号，使用这个唯一的编号就可以表示这个站点。每一条路都是由两个站点相连而成的，因此表示一条路需要记录两个站点和道路的名称。表 8-2 中每一个横向的记录就表示了一条路。

在上述的处理中，构建了描述站点信息的数据结构，也构建了描述道路信息的数据结构，无论站点和道路信息都很容易存储在计算机中，这个结构也会非常有利于今后对站点信息和道路信息的维护和操作。

在计算机软件开发的过程中会面临很多类似的处理，我们把这种计算机存储和组织数据的方式称为数据结构。数据结构在计算机科学界至今没有标准的定义，个人根据各自的理解而有不同的表述方法。一般认为，一个数据结构是由数据元素依据某种逻辑联系组织起来的。对数据元素间逻辑关系的描述称为数据的逻辑结构；数据必须在计算机内存储，数据的存储结构是数据结构的实现形式，是其在计算机内的表示。此外，讨论一个数据结构必须同时讨论在该类数据上执行的运算才有意义。

在许多类型的程序的设计中，数据结构的选择是一个基本的设计考虑因素。许多大型系统的构造经验表明，系统实现的困难程度和系统构造的质量都深度依赖于是否选择了最优的数据结构。许多时候，确定了数据结构后，算法就容易得到了。有些时候事情也会反过来，根据特定算法来选择数据结构与之适应。不论哪种情况，选择合适的数据结构都是非常重要的。

选择了数据结构，算法也随之确定，系统构造的关键因素是数据而不是算法。这种洞见促使许多种软件设计方法和程序设计语言出现，面向对象程序设计语言就是其中之一。

在本单元中不探讨如何设计这些结构，而是总结前人开发中一些比较常用的结构，并对该结构的特征、标准动作和在此结构上的一些经典算法给予讲解。希望同学们能在开发中予以应用。

8.1 集合

在一个学生管理系统中经常要处理两个概念：学生和班级。我们把学生看成比较单纯的个体，而班级就是由多个学生个体组成的集体，因为一个班级是由一组学生构成的，这组学生有一个共同的特征——同一个班号。这样这组同学就形成了一个集体，我们把这个集体称为学生的集合，学生称为集合中的元素。

在构成这个班级时，往往有一些约定俗成的规则。例如，同一个班级中所有的同学都是同等的，都是这个班的学生；一个学生在这个班级中只能占据一个名额。

我们把集合想象成一个可以思维的东西，平时班主任对这个班级的信息进行维护时，他会怎样利用这个集合呢？他希望这个集合可以给他哪些支持呢？

- 获取班级人数：班主任做报表时，需要填写这个班级的人数。班主任希望这个班的集合能告诉他。
- 插入学生：班上来了新同学，班主任把新同学加到班级中，就需把新同学的信息集合，这样集合中又多了一个同学。不过在加入新同学时有时会出现问题，例如这个同学已经在这个班的集合中了，班主任忘记了，又加入了一遍，这样会出现什么问题呢？如果允许加入，就会导致这个班有两个该学生的记录，允许加两次，也就可以加三次、四次，这样集合中的数据就混乱了而不可使用，因此碰到这种情况集合往往拒绝插入。
- 删除学生：如果某个同学要转学，班主任就需要从这个班级中删除这个学生。假如班主任要删除的学生集合中没有怎么办？一般是什么都不做。
- 判断是否存在某个学生：班主任想知道李逵是不是这个班的学生，可以让集合来告诉他，如果有就回答是，如果没有就回答否。
- 清空班级所有学生：有时班主任要重新整理班级信息，需删除所有的学生信息再重来。

8.1.1 结构特征描述

通过上述例子，可以总结出集合对象的一些典型特征。

- 无序性：在同一个集合里面的每一个元素的地位都是相同的。
- 互异性：在同一个集合里面每一个元素只能出现一次，不能重复出现。
- 条件确定：定制集合的标准是确定的而不是含糊的，如“很大的城市”，这里的“很大”无法确定，是含糊的。
- 个数不定：集合中元素的个数是可以增减的，最小个数为零，最大以容量确定。

8.1.2 相关操作

在集合中通常有哪些常用动作呢？如表 8-3 所示。

表 8-3 集合中的常用动作

动 作 名 称	动 作 描 述
获取集合中元素个数	集合中没有元素，返回个数为 0；如果存在元素，就返回元素的总个数
插入新元素	如果集合中原来不存在这个元素，直接加入；如果存在，就什么都不做
删除元素	如果集合中存在这个元素，直接删除；如果不存在，不进行操作
判断是否包含某个元素	给集合一个元素，如果存在，返回是；如果不存在，返回否
清空所有元素	集合清空所有元素

8.1.3 结构抽象

分析完集合的特征和常用动作之后，要考虑在程序中如何使用呢？在这其中首先要考虑元素数据的保存和元素与元素之间的区别。往往可以通过下面的形式表示，如图 8-2 所示。

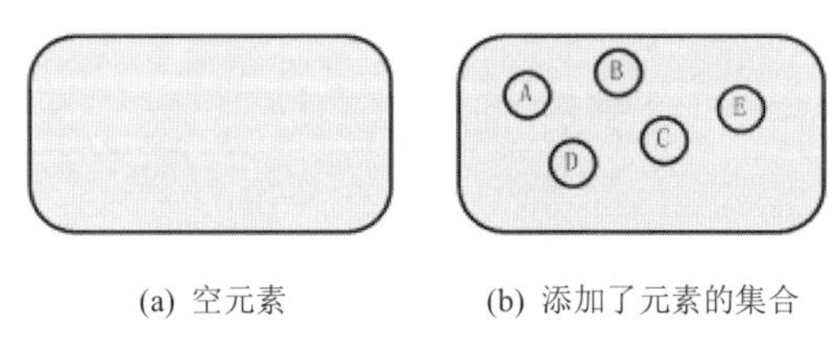

(a) 空元素 (b) 添加了元素的集合

图 8-2 集合结构抽象

其实，在目前面向对象的语言中都有对集合的相关实现，如 Java 的 SDK 中的 ArrayList、.NET 的 Framework 中的 ArrayList 和 List<T>。

8.2 队列

所有的同学到食堂打饭，食堂的窗口一次就只能给一个同学打饭，如果所有的人都拥挤在窗口，反而所有的学生都很难去打饭，并且什么时候能够买到饭每个人都不知道，力气小的同学根本挤不到窗口，可能永远也打不到饭。为了能让打饭有序进行，并且每个学生都有机会打到可口的饭菜，食堂就出来维持秩序了，要求同学们在窗口前排队，排在前面的同学可以先打饭，后来的同学就排在后面，这样打饭的工作就可以有序进行了，并且对所有的同学都公平了。这时有个同学过来跟管理秩序的人说："老师，我女朋友在外面等我，我可以先插个队吗？"我们管理秩序的老师会同意吗？不会。他会跟这个同学说："对不起，你出去吃麦当劳吧，在这里只有排队。"这样我们对队列的管理就很方便了。

那我们对队列会进行哪些操作呢？同样我们把队列当成一个有思维的对象。与队列打交道的人会希望队列给他什么支持呢？

- 有时候打饭的师傅会喊："还有多少个人？看看我的饭菜够不够呀。"队列就会告诉师傅队列的人数。
- 打饭的师傅总会对队列喊"下一个"，队列的第一个人就会出来。

- 学生来了，队列总把他放在最后。

8.2.1 结构特征描述

通过上面的例子，可以对队列的特点进行一个归纳，总结出队列的一些典型特征。

- 线性排列：队列中的元素是按一个接一个的形式排列起来的。
- 有序的：队列不能插队，先加入到队列的在队列前面，后加入进来的在队列后面。
- 先进先出：要使用队列中的元素，需先将其从队列中取出。取元素时只能取队列中的第一个元素，取出后，元素不再属于队列。

8.2.2 相关操作

在队列中通常有哪些常用动作呢？如表 8-4 所示。

表 8-4 队列常用动作

动 作 名 称	动 作 描 述
获取队列中元素的个数	队列中没有元素，返回个数为 0；如果存在元素，就返回元素的总个数
加入新元素	新元素会被添加在队列的最后
删除元素	要先将队列取出，要取只能取第一个
清空所有元素	队列清空所有元素

8.2.3 结构抽象

在队列中可以抽象出队列的概念和队列元素的概念。元素在队列中的位置由队列控制，随着队列中提取元素和添加元素，队列自动维护元素的新位置，如图 8-3 所示。

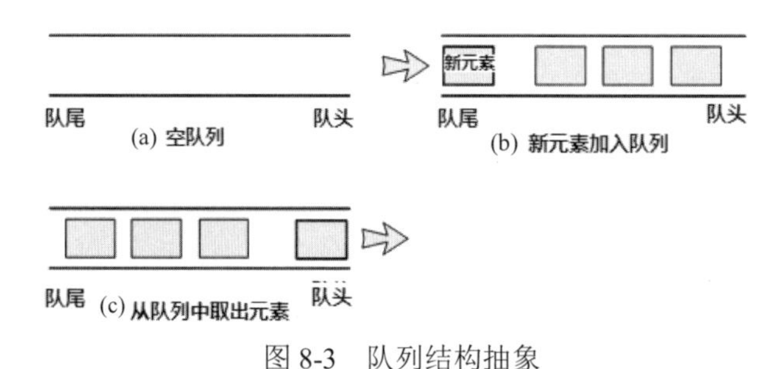

图 8-3 队列结构抽象

8.3 栈

在队列中有一个非常显著的特征——先进先出，就是先到队列中的元素一定先出来。可日常生活中还有很多需要后进先出的例子，例如在电影上常常可以看到枪使用的弹匣，枪手要打枪时，首先要一颗一颗地将子弹压入弹夹中，枪在射击时要从弹夹中取子弹，子弹是从弹夹的最上面一颗一颗取出的，通常最后压入弹夹中的子弹会最先被用掉，最先压入弹夹中的子弹会最后使用。

8.3.1　结构特征描述

通过上面的例子，可以对栈的特点进行一个归纳，我们发现栈的特征与队列的特征有些相似，只是某些具体的属性是相反的。

- 线性排列：栈中的元素是按一个接一个的形式排列起来的。
- 有序的：栈不能插队，先加入栈的元素在栈底，后加入栈的元素在栈口。
- 先进后出：要使用栈中的元素，只有从栈口中取出，一次取一个元素，取出后，元素不再属于栈。

8.3.2　相关操作

在栈中通常有哪些常用动作呢？如表 8-5 所示。

表 8-5　栈的常用动作

动 作 名 称	动 作 描 述
压栈	将元素压入栈内，最后压入栈的元素在栈口
弹栈	从栈中取元素，一次取一个，取的元素只能从栈口取出

8.3.3　结构抽象

通过上面栈的描述可以抽象出对象的概念和栈元素的概念。栈有栈底和栈口，首先放入的元素被放在栈底，栈底的元素最后被弹出栈，如图 8-4 所示。

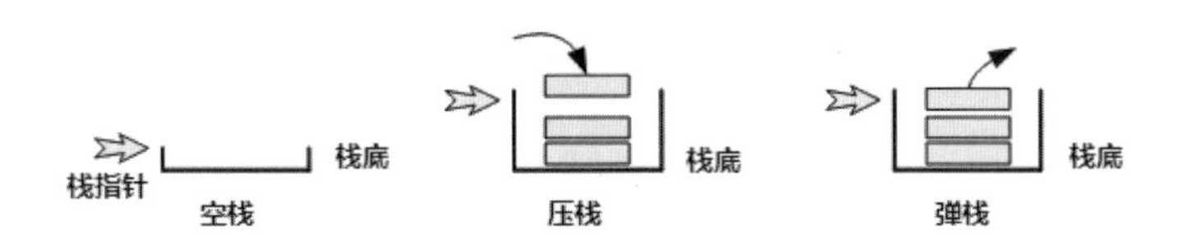

图 8-4　栈结构抽象

8.4　树

任何企业往往都会去有意识地维护企业的组织结构，总公司管着分公司，分公司管着几个分公司部门，公司规模越大这样的层次越多，每个部门的职务也相对越多。

这样人事部门怎么管理和维护这些状态呢？他们会画这样一棵“树”，如图 8-5 所示。

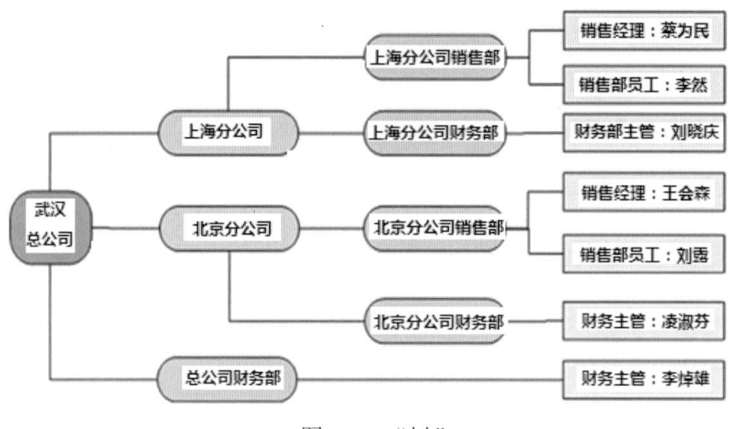

图 8-5 “树”

人事部门会怎么使用这棵“树”呢?下面一起来看一下。

1. 查询指定部门

一个财务软件公司找到我们公司推销财务软件，希望与我们公司的上海财务部合作。他们希望计算机能找到这个部门和这个部门其他的信息，计算机会怎样在这棵树上进行查询呢?

方案一：首先，计算机找到总公司节点，看看总公司下面有没有这个部门，然后再看看总公司下面的分公司有没有这个部门。过程如图 8-6 所示。

结果第 5 次就找到了。这种先搜索高级别节点后搜索低级别节点的方法，称为广度优先。

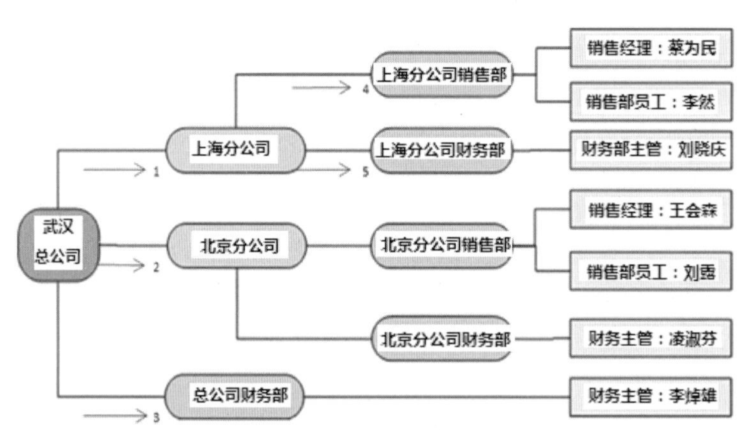

图 8-6 查询过程(方案一)

方案二：沿着总公司下面的分公司或部门往树级别的深层次搜索，一直到树的最低级别，然后再向上一级别逐步迁移。过程如图 8-7 所示。

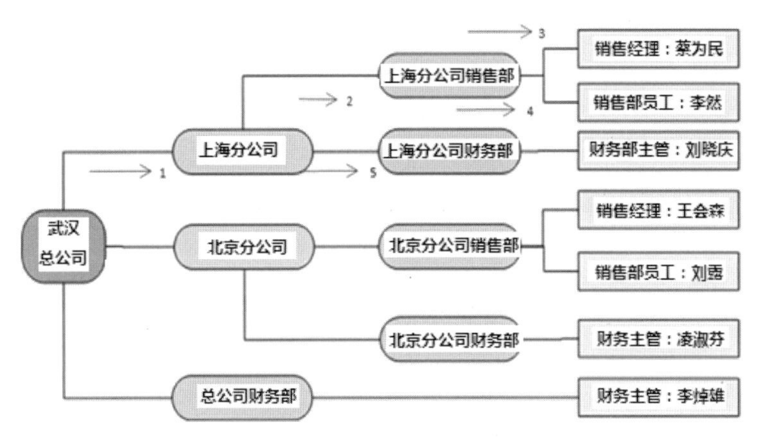

图 8-7　查询过程(方案二)

结果也是第 5 次就找到了，这种方法称为深度优先。

2. 查询所有部门和员工

公司要统计公司到底有多少部门和员工时，怎么在这棵树上查询呢?

这里也可以套用前面的两种检索方式，即广度优先统计和深度优先统计。

3. 添加部门

最近总公司成立了一个研发部，那么怎么反映到这棵树上呢?

这里是不是应该先确定这个部门要添加到哪里，也就是你的上级部门，然后检索上级部门是否存在，最后在上级部门下面添加该部门。

4. 删除部门

最近北京分公司由于销售部门的业绩不好，准备取消该部门编制，该情况如何反映到这棵树上呢?

应该先检索要删除的部门在哪里，这里也可以套用前面的两种检索方式，即广度优先检索和深度优先检索。检索到后直接删除。

5. 修改部门

最近上海分公司把销售部的名字改为市场部，怎么把该情况反映到这棵树上来呢?

应该先检索要更新的部门在哪里，这里也可以套用前面的两种检索方式，即广度优先检索和深度优先检索。检索到后直接更新。

6. 查询员工

最近公司和另外一家公司合作，合作公司打电话到总公司查询刚刚来他们公司的是否是本公司的员工，该如何查询呢?

这里也可以套用前面的两种检索方式，即广度优先统计和深度优先统计。

7. 添加员工

最近武汉总公司财务部招聘了一名资深财务人员，该怎么在这棵树上反映出来呢?

这里应该先确定这个员工要添加到哪里，也就是所在的部门，然后检索所在部门是否存在，最后在这个所在部门下面添加这个员工。

8. 删除员工

上海分公司的财务主管刘晓庆刚刚跳槽离职了，如何在这棵树上反映出来呢?

应该先检索要删除的员工在哪里，这里也可以套用前面的两种检索方式，即广度优先检索和深度优先检索。检索到后直接删除。

8.4.1 结构特征描述

所有的分公司和部门都有同一个根，所以称总公司为这棵树的“根节点”；每一个分公司、部门都可以称为这棵树的“节点”；部门的上级部门为该部门的“父节点”，员工所属部门为该员工的“父节点”；所有下面有节点的节点称为下面节点的“父节点”；所有上面有父节点的节点称为其父节点的“子节点”。上海分公司财务部是财务主管刘晓庆的“父节点”；财务主管刘晓庆是上海分公司财务部的“子节点”；所有下面没有节点的节点称为“叶子节点”；财务主管刘晓庆是一个“叶子节点”；财务主管李焯雄是一个“叶子节点”；拥有同一个父节点的节点称为“兄弟节点”；上海分公司财务部和上海分公司销售部是“兄弟节点”；销售经理蔡为民和销售部员工李然是“兄弟节点”。

通过上述例子，可以看出：

- 树是由节点和节点之间的相互关联组成的。
- 一棵树有一个根节点。
- 一个节点有 0 个或者多个子节点。
- 节点(根节点除外)必须有一个父节点。

8.4.2 相关操作

在树中通常有哪些常用动作呢？如表 8-6 所示。

表 8-6　树的常用动作

动 作 名 称	动 作 描 述
查询指定节点	根据需要选择一种算法(深度优先和广度优先)，去遍历查询指定节点
遍历所有节点	根据需要选择一种算法(深度优先和广度优先)，去对每个节点进行操作处理
插入节点到指定节点后	根据需要选择一种算法(深度优先和广度优先)，先查找其父节点，然后在其父节点下插入该节点

(续表)

动 作 名 称	动 作 描 述
修改指定节点	根据需要选择一种算法(深度优先和广度优先)，先查找该节点，然后修改该节点
删除指定节点	根据需要选择一种算法(深度优先和广度优先)，先查找该节点，然后删除该节点

8.4.3 结构抽象

在树状结构中可以抽象如下一些概念，如图 8-8 所示。

- 节点。
- 子节点(叶子节点)。
- 父节点。

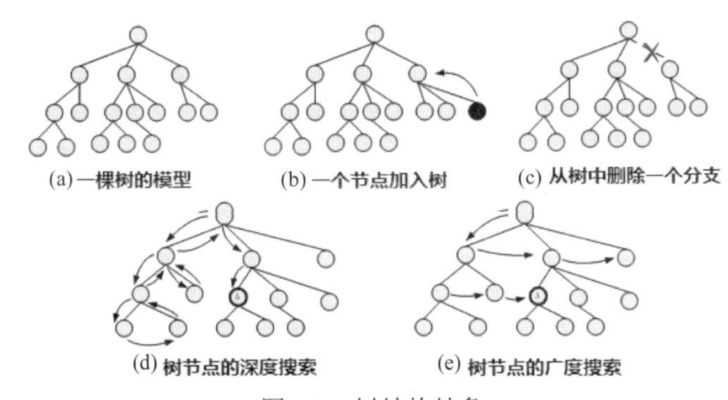

图 8-8 树结构抽象

8.5 网

随着时代的进步，越来越多的机场在全国各地建立起来，人们可以方便地乘坐飞机在全国甚至全球旅行。这些机场之间很容易构成一个如图 8-9 所示的“航线网”。如果去掉地图背景，不难发现，所谓的“航线图”其实是由两种简单的集合结构——点和线组成的。

一般把一个机场比作一个点，在几何关系上，一般被称作“顶点”。我们乘坐的飞机会直接在两个点之间(不考虑过路飞行的情况)画出一条连线，这条线就代表着一条航线，在几何意义上，一般叫作“边”，如图 8-9 所示。

当然，这张“航线图”显然不是一成不变的，在某些时候，会开设一些新的飞机场，或者开设一些新的航班。在航班图上对“网”这种结构的一些典型应用做如下归类。

(1) 开设一个新机场。

我们会建设一个飞机场，并且在航班图上标记一个新的顶点。正是由于有了这个“点”，其他的机场才可以与我们的新机场互相飞行。

(2) 停用一个现有机场。

当一个机场需要搬迁、翻修时，需要停用该机场，否则可能会出现飞机到达而无法降落的现象。所以当一个机场(“顶点”)被删除时，与之相连的所有航线(“边”)都要被一同删除。

(3) 开启一条新航线。

在机场之间开设一条可以航行的飞行通道。需要注意的是，实际情况有可能比理想状况复杂得多。因为某些航线会有过路飞行，也就是和公交车一样“停站”。这种特殊的航线，可以看作两条(或者更多)航线的集合。而另一种比较特殊的情况就是单程飞行的航班。一个典型的例子是：一架广州起飞的飞机，路过武汉搭载一些乘客再飞往上海，但是从上海却直接返程回广州了，中间不再路过武汉。于是我们说，航线是有“方向”的。

(4) 停用一条现有航线。

这种情况比较单纯，只要简单地把这条航线上的所有飞机停飞就可以了。不过当一个机场(“点”)的全部航线(“边”)都被删除后，不难发现——这个机场实际上在航班图中已经没有任何意义了。这时，将这种航线图称为“非连通图”。

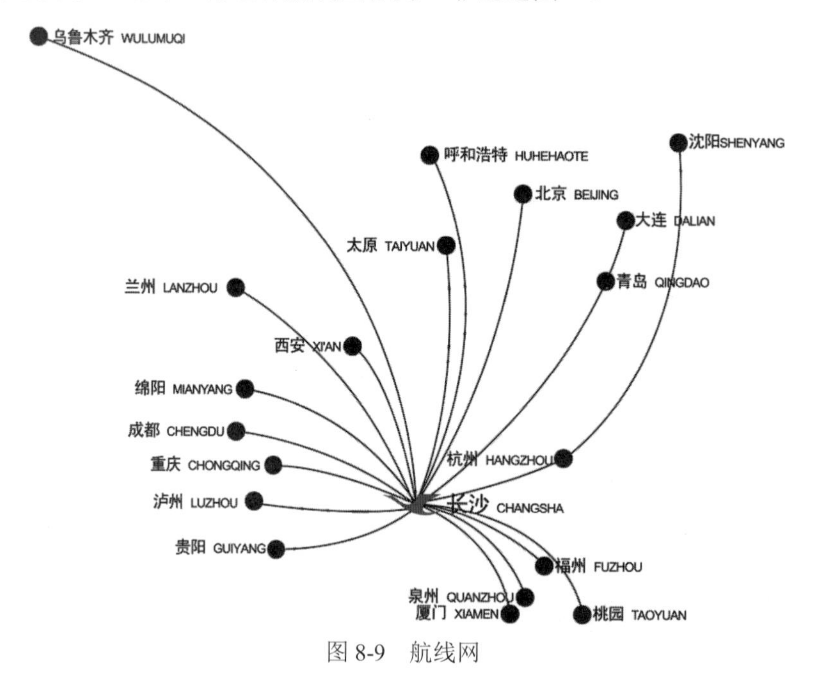

图 8-9　航线网

8.5.1　结构特征描述

通过上述例子，可以总结出来网(图)对象的一些典型特征。

- 非线性：图中所有点之间都是多对多关系而不是树那样的一对多关系。
- 封闭性：每一条边仅和它两端的点有关，而不与任何其他边、其他点有关。

- 开放性：只要加入新的点，就可以和现有任意点产生关系。
- 方向性：边可以是单向的，也可以是双向的。
- 包含性：一个图可以是另一个图的一部分。例如，南方航空公司的航线图是中国航线图的一部分，而中国航线图又是世界航线图的一部分。

8.5.2　相关操作

对网(图)，可以做哪些操作呢？如表 8-7 所示。

表 8-7　网的常用动作

动 作 名 称	动 作 描 述
获取图中点的个数	例如想知道全国有多少个机场
获取图中线的个数	例如想知道全国有多少开通的航线
添加节点	在图中添加一个可以连接边的节点，如新建一个机场
删除节点	在图中删除一个节点，同时删除与节点相关的所有边，如撤销一个机场，这个机场所有的航班都会停用
添加边	建立两个节点之间的关联，如新开通一个航线，这个航线一定关联两个城市
删除边	取消两个节点之间的关联，如停止某两个城市间的航线
查找由一个点到另一个点的路径	有时候两个节点之间并没有建立直接的联系，需要通过间接的方式找到一条路径，如没有长沙到呼和浩特的航班，我们找到长沙可以到武汉，武汉可以到呼和浩特，这样长沙就可以间接到呼和浩特了

8.5.3　结构抽象

通过上面的分析，可以对网状结构做一个抽象，网状结构的学术名称为图，图是由节点和边构成的，如图 8-10 所示。

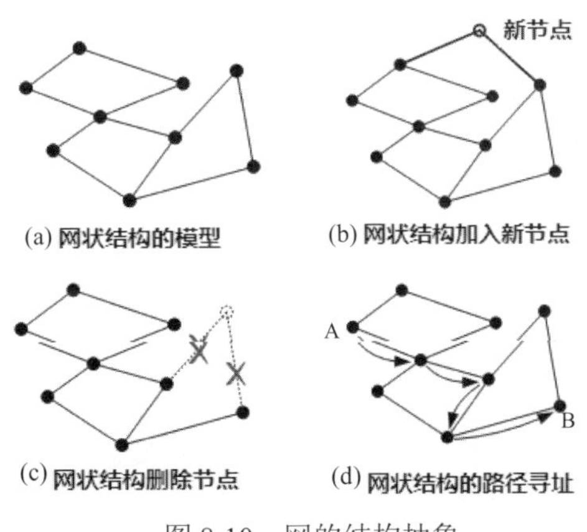

图 8-10　网的结构抽象

【单元小结】

- 集合的结构特征
  - 无序性和互异性
  - 条件确定
  - 个数不定
- 队列的结构特征
  - 线性排列
  - 有序性
  - 先进先出
- 栈的结构特征
  - 线性排列
  - 有序性
  - 先进后出
- 树的结构特征
  - 父节点和子节点
  - 深度优先搜索和广度优先搜索
- 网的结构特征
  - 非线性
  - 封闭性
  - 开放性
  - 方向性
  - 包含性

【单元自测】

1. 请思考一下生活中栈的案例。
2. 请思考一下生活中树的案例。
3. 深度优先与广度优先的区别是什么？

单元九

算法(选)

课程目标

- 了解基本算法思想
- 掌握排序算法
- 掌握查找算法

简 介

通过本单元您将学习到算法的基本特征及思想，同时学习到查找算法及其原理。

排序(Sorting)又称分类，是数据处理领域中一种很常用的运算。排序就是把一组记录或数据元素的无序序列按照某个关键字值(关键字)递增或递减的次序重新排列的过程。排序的主要目的就是实现快速查找。

查找算法是利用计算机的高性能来有目的地穷举一个问题的部分或所有的可能情况，从而求出问题的解的一种方法。搜索过程实际上是根据初始条件和扩展规则构造一棵解答树并寻找符合目标状态的节点的过程。

9.1 算法的定义

算法是一系列解决问题的指令的集合，也就是说，对于一个规范的输入，在有限时间内获得所要求的输出。

实际中，就是在处理一个问题时，计算机所要为我们进行的一系列计算判断的过程。对于一个常见的问题，解决的方法可能会有多种，就好像做数学题一样，有简单的技巧性的计算方法，也有复杂的直接的计算方法。在衡量一个算法好坏时常常用到两个评判的指标：时间复杂度和空间复杂度，在后面会具体分析。

9.2 算法的五个特征

算法具有以下五个特征。

- 有穷性：一个算法必须保证执行有限步之后结束。
- 确定性：算法的每一步骤必须有确定的含义。
- 输入：一个算法有 0 个或多个输入，以描述运算对象的初始情况。
- 输出：一个算法有一个或多个输出，以反映对输入数据加工后的结果。
- 可行性：算法原则上能够精确地运行，而且人们用笔和纸做有限次运算后即可完成。

9.3 常见的算法思想

9.3.1 递推法

递推法是利用问题本身所具有的一种递推关系求解问题的一种方法。设要求问题规模为 N 的解，当 N=1 时，解或为已知，或能非常方便地得到解。能采用递推法构造算法的问题有重要的递推性质，即当得到问题规模为 $i-1$ 的解后，由问题的递推性质，能从已求得的规模为 $1,2,\cdots,i-1$ 的一系列解中，构造出问题规模为 i 的解。这样，程序可从 $i=0$ 或 $i=1$ 出发，重复地，由已知至 $i-1$ 规模的解，通过递推，获得规模为 i 的解，直至得到规模为 N 的解。

【问题】 阶乘计算。

问题描述：编写程序，对给定的 $n(n\leqslant 100)$，计算并输出 k 的阶乘 $k!$ $(k=1,2,\cdots,n)$的全部有效数字。

计算阶乘 $k!$ 可采用对已求得的阶乘$(k-1)!$ 连续累加 $k-1$ 次后求得。例如，已知 4!=24，计算 5!，可对原来的 24 累加 4 次 24 后得到 120。

9.3.2　递归法

递归是设计和描述算法的一种有力的工具，由于它在复杂算法的描述中被经常采用，因此在进一步介绍其他算法的设计方法之前先讨论它。

能采用递归描述的算法通常有这样的特征：为求解规模为 N 的问题，设法将它分解成规模较小的问题，然后从这些小问题的解方便地构造出大问题的解，并且这些规模较小的问题也能采用同样的分解和综合方法，分解成规模更小的问题，并从这些更小问题的解构造出规模较大问题的解。特别地，当规模 $N=1$ 时，能直接得解。

【问题】 编写计算斐波那契(Fibonacci)数列的第 n 项函数 fib(n)。

斐波那契数列为 0、1、1、2、3、…，即

```
fib(0)=0;
fib(1)=1;
fib(n)=fib(n-1)+fib(n-2) (当 n>1 时)。
```

写成递归函数有

```
int fib(int n)
{
    if (n==0) return 0;
    if (n==1) return 1;
    if (n>1) return fib(n-1)+fib(n-2);
}
```

递归算法的执行过程分递推和回归两个阶段。在递推阶段，把较复杂的问题(规模为 n)的求解推到比原问题简单一些的问题(规模小于 n)的求解。例如上例中，求解 fib(n)，把它推到求解 fib(n-1)和 fib(n-2)。也就是说，为计算 fib(n)，必须先计算 fib(n-1)和 fib(n-2)，而计算 fib(n-1)和 fib(n-2)，又必须先计算 fib(n-3)和 fib(n-4)。依此类推，直至计算 fib(1)和 fib(0)，分别能立即得到结果 1 和 0。在递推阶段，必须要有终止递归的情况。例如在函数 fib 中，当 n 为 1 和 0 时的情况。

在回归阶段，当获得最简单情况的解后，逐级返回，依次得到稍复杂问题的解。例如得到 fib(1)和 fib(0)后，返回得到 fib(2)的结果，…，在得到了 fib($n-1$)和 fib($n-2$)的结果后，返回得到

fib(n)的结果。

在编写递归函数时要注意，函数中的局部变量和参数知识局限于当前调用层，当递推进入“简单问题”层时，原来层次上的参数和局部变量便被隐蔽起来。在一系列“简单问题”层，它们各有自己的参数和局部变量。

由于递归引起一系列的函数调用，并且可能会有一系列的重复计算，递归算法的执行效率相对较低。当某个递归算法能较方便地转换成递推算法时，通常按递推算法编写程序。例如上例计算斐波那契数列的第 n 项的函数 fib(n)应采用递推算法，即从斐波那契数列的前两项出发，逐次由前两项计算出下一项，直至计算出要求的第 n 项。

常见的算法还有很多，如回溯法、贪婪法、迭代法等，在这里不一一列举了，在后续的内容中将重点讲解排序和查找等常用算法。

9.4 排序算法的分类

排序算法的分类如下。

(1) 增排序和减排序。如果排序的结果是按关键字从小到大的次序排列的，就是增排序，否则就是减排序。例如数据(4，8，15，15，19，23，24)为增排序结果，反之为减排序。

(2) 稳定排序和不稳定排序。假设 $K_i=K_j(0\leqslant i\leqslant n-1，0\leqslant j\leqslant n-1，i\neq j)$，且在排序前的序列中 R_i 领先于 R_j(即 $i<j$)。若在排序后的排序中 R_i 仍领先于 R_j，即具有相同关键字的记录，经过排序后它们的相对次序仍然保持不变，则称这种排序方法是稳定的；反之，若 R_j 领先于 R_i，则称所用的方法是不稳定的。例如上面的数字，假如经过排序后 K2 的 15 依然位于 K6 的 15 前面，则这种排序方法是稳定的；反之，则是不稳定的。

(3) 内排序与外排序。在内存中进行的排序称为内排序，在外存中进行的排序称为外排序。

9.5 常见的排序算法

9.5.1 直接插入排序

直接插入排序(Insertion Sort)是所有排序方法中最简单的一种排序方法。其基本原理是顺次地从无序表中取出记录 $R_i(1\leqslant i\leqslant n)$，与有序表中记录的关键字逐个进行比较，找出其应该插入的位置，再将此位置及其之后的所有记录依次向后顺移一个位置，将记录 R_i 插入其中。

向有序表中插入记录，主要完成如下操作。

(1) 搜索插入位置。

(2) 移动插入点及其以后的记录空出插入位置。

(3) 插入记录。

对于上述数据采用直接插入排序的过程如图 9-1 所示。

图 9-1　直接插入排序的过程

具体的代码实现如下。

假设将 n 个待排序的记录顺序存放在长度为 $n+1$ 的数组 R[1]～R[n] 中。R[0]作为辅助空间，用来暂时存储需要插入的记录，起监视哨的作用。直接插入排序算法如下：

```
void Insert_Sort(int R[]，int n)
{
 int i，j;
 for(i=2;i<=n; i++)   //表示待插入元素的下标
  {R[0]=R[i]; //设置监视哨保存待插入元素，腾出 R[i]空间
     j=i-1;          //j 指示当前空位置的前一个元素
     while(R[0].key<R[j].key)//搜索插入位置并后移腾出空间
           {R[j+1]=R[j]; j--; }
     R[j+1]=R[0]; //插入元素
  }
}
```

直接插入排序的特点分析如下。

(1) 稳定性。由于该算法在搜索插入位置遇到关键字值相等的记录时就停止操作，不会把关键字值相等的两个数据交换位置，所以该算法是稳定的。

(2) 空间复杂度。该算法仅需要一个记录的辅助存储空间，空间复杂度为 $O(1)$。

(3) 时间复杂度。整个算法执行 for 循环 $n-1$ 次，每次循环中的基本操作是比较和移动，其总次数取决于数据表的初始特性，可能有以下几种情况。

- 当初始记录序列的关键字已是递增排列时，这是最好的情况。算法中 while 语句的循环体执行次数为 0，因此，在一趟排序中关键字的比较次数为 1，即 R[0]的关键字与 R[j]的关键字比较。而移动次数为 2，即 R[i]移动到 R[0]中，R[0]移动到 R[j+1]中。所以，整个排序过程中的比较次数和移动次数分别为$(n-1)$和 $2\times(n-1)$，因而其时间复杂度为 $O(n)$。

- 当初始数据序列的关键字序列是递减排列时，这是最坏的情况。在第 i 次排序时，while 语句内的循环体执行次数为 i。因此，关键字的比较次数为 i，而移动次数为 $i+1$。所以，整个排序过程中的比较次数和移动次数分别为

$$总比较次数C_{\max}=\sum_{i=2}^{n} i=\frac{(n-1)(n+2)}{2}$$

$$总移动次数M_{\max}=\sum_{i=2}^{n}(i+1)=\frac{(n-1)(n+4)}{2}$$

- 一般情况下，可认为出现各种排列的概率相同，因此取上述两种情况的平均值，作为直接插入排序关键字的比较次数和记录移动次数，约为 $n^2/4$。所以其时间复杂度为 $O(n^2)$。

根据上述分析得知：当原始序列越接近有序时，该算法的执行效率就越高。

9.5.2 冒泡排序

冒泡排序(Bubble Sort)的算法思想是：设待排序有 n 个记录，首先将第一个记录的关键字 R1.key 和第二个记录的关键字 R2.key 进行比较，若 R1.key>R2.key，就交换记录 R1 和 R2 在序列中的位置；然后继续对 R2.key 和 R3.key 进行比较，并做相同的处理；重复此过程，直到关键字 R*n*-1.key 和 R*n*.key 比较完成。

其结果是 n 个记录中关键字最大的记录被交换到序列的最后一个记录的位置上，即具有最大关键字的记录被“沉”到了最后，这个过程称为一趟冒泡排序。

在操作实现时，常用一个标志位 flag 标示在第 i 趟是否发生了交换，若在第 i 趟发生过交换，则置 flag=false(或 0)；若第 i 趟没有发生交换，则置 flag=true(或 1)，表示在第 $i-1$ 趟已经达到排序目的，可结束整个排序过程。例如，数据{23, 38, 22, 45, 23, 67, 31, 15, 41}采用冒泡排序的过程如图 9-2 所示。

初始关键字序列:	23	38	22	45	23	67	31	15	41
第一趟排序后:	23	22	38	23	45	31	15	41	67
第二趟排序后:	22	23	23	38	31	15	41	45	67
第三趟排序后:	22	23	23	31	15	38	41	45	67
第四趟排序后:	22	23	23	15	31	38	41	45	67
第五趟排序后:	22	23	15	23	31	38	41	45	67
第六趟排序后:	22	15	23	23	31	38	41	45	67
第七趟排序后:	15	22	23	23	31	38	41	45	67

图 9-2　冒泡排序的过程

具体的代码实现如下。

```
void Bubble_Sort(int R[], int n)
//用冒泡排序对 R[1]~R[n]记录排序
{ int i, j, flag=0;
for(i=1; i<n; i++)
{ flag=1;            //每趟比较前设置 flag=1，假定该序列已有序
```

```
        for(j=1;j<=n-i;j++)
          if(R[j+1].key<R[j].key)
          { flag=0;              //如果有逆序的则置 flag=0
        R[0]=R[j];
             R[j]=R[j+1];
          R[j+1]=R[0];
        }
      if(flag==1)
          return;          //flag 为 True 则表示序列已有序，可结束排序过程
    }
}
```

冒泡排序的特点分析有兴趣的同学可以自己总结一下，这里只就比较复杂的时间复杂度加以说明。

- 如果初始记录序列为“正序”序列，则只需进行一趟排序，记录移动次数为 0，关键字间比较次数为 $n-1$。
- 如果初始记录序列为“逆序”序列，则进行$n-1$趟排序，每一趟中的比较和交换次数将达到最大，即冒泡排序的最大比较次数为$n(n-1)/2$，最大移动次数为$3n(n-1)/2$。
- 一般情况下，比较次数≤$n(n-1)/2$，移动次数≤$3n(n-1)/2$，因此时间复杂度为 $O(n^2)$。

9.5.3 简单选择排序

选择排序(Selection Sort)的基本思想是：不断从待排记录序列中选出关键字最小的记录插入已排序记录序列的后面，直到 n 个记录全部插入已排序记录序列中。

简单选择排序(Simple Selection Sort)也称直接选择排序，是选择排序中最简单直观的一种方法。其基本操作思想如下。

(1) 每次从待排记录序列中选出关键字最小的记录。

(2) 将它与待排记录序列第一位置的记录交换后，再将其“插入”已排序记录序列。

(3) 不断重复过程(1)和(2)，就不断地从待排记录序列中剩下的($n-1$，$n-2$，…，2)个记录中选出关键字最小的记录与该区第 1 位置的记录交换(该区第 1 个位置不断后移，该区记录逐渐减少)，然后把第 1 位置的记录不断“插入”已排序记录序列之后。

具体可以参考下面的例子，如图 9-3 所示。

记录的下标	1	2	3	4	5	6
初始关键字序列	[45	32	8	16	27	32]
第1次排序	8	[32	45	16	27	32]
第2次排序	8	16	[45	32	27	32]
第3次排序	8	16	27	[32	45	32]
第4次排序	8	16	27	32	[45	32]
第5次排序	8	16	27	32	32	[45]

图 9-3 简单选择排序

具体的代码实现如下。

```
void Select_Sort(RecType R[], int n)
{   int i, j, k;
     RecType temp;
    for(i=1;i<n;i++)                    //进行 n-1 趟排序，每趟选出 1 个最小记录
    { k=i;                              //假定起始位置为最小记录的位置
        for(j=i+1;j<=n;j++)             //查找最小记录
          if(R[j].key<R[k].key)
             k=j;
          if(i!=k)                      //如果 k 不是假定位置，则交换
             { temp=R[k];               //交换记录
                  R[k]=R[i];
               R[i]=temp;
             }
    }
}
```

简单选择排序的特点分析如下。

简单选择排序算法的关键字比较次数与记录的初始排列无关。假定整个序列表有 n 个记录，总共需要 $n-1$ 趟的选择；第 i ($i=1,2,\cdots,n-1$)趟选择具有最小关键字记录所需要的比较次数是 $n-i-1$ 次，总的关键字比较次数为：

$$比较次数=(n-1)+(n-2)+\cdots+1=n(n-1)/2$$

而记录的移动次数与其初始排列有关。当这组记录的初始状态是按关键字从小到大有序时，每一趟选择后都不需要进行交换，记录的总移动次数为 0，这是最好的情况；而最坏的情况是每一趟选择后都要进行交换，一趟交换需要移动记录 3 次。总的记录移动次数为 $3(n-1)$。所以，简单选择排序的时间复杂度为 $O(n^2)$。

9.5.4 排序算法的优化——快速排序

快速排序(Quick Sorting)又称分区交换排序，是对冒泡排序算法的改进，是一种基于分组进行互换的排序方法。

算法中记录的比较和交换是从待排记录序列的两端向中间进行的。设置两个变量 i 和 j，其初值分别是 n 个待排序记录中第一个记录的位置号和最后一个记录的位置号。在扫描过程中，变量 i 和 j 的值始终表示当前所扫描分组序列的第一个和最后一个记录的位置号。

假设有 8 个记录，关键字的初始序列为{45,34,67,95,78,12,26,45}，用快速排序法进行排序。第一趟排序过程如图 9-4 所示。

初始关键字序列	45	34	67	95	78	12	26	45
j 向前搜索	*i*							*j*
第一次交换后	26	34 (*i*)	67	95	78	12	(*j*)	45
i 向后搜索	26	34	67 (*i*)	95	78	12	(*j*)	45
第二次交换后	26	34	(*i*)	95	78	12 (*j*)	67	45
第三次交换后	26	34	12	95 (*i*)	78	(*j*)	67	45
第四次交换后	26	34	12	(*i*)	78 (*j*)	95	67	45
j 向前扫描	26	34	12	45 (*i* *j*)	78	95	67	45

图 9-4　第一趟排序过程

选取第一个记录作为基准记录，存入临时单元 temp 中，腾出第 1 个位置(由 *i* 指示)。首先将 temp 中的 45 与 R*j*.key (45)相比较，因 temp≤R*j*.key，所以 *j* 前移，即 *j*= *j*-1；temp 继续与 R*j*.key(26)比较，45>26，进行第一次调整，将 R*j*.key(26)放到 R*i* (*i*=1)处，R*j* (*j*=7)位置空出；令 *i*=*i*+1，然后进行从前往后的比较；当 *i*=3 时，temp＜R*i*.key (67)，进行第二次调整，将 R*i*.key(67)放到 R*j*(*j*=7)处，于是，R*i*(*i*=3)位置空出；经过 *i* 和 *j* 交替地从两端向中间扫描以及记录位置的调整，当执行到 *i*=*j*=4 时，一趟排序成功，将 temp 保存的记录放入该位置，这也是该记录的最终排序位置。

各趟排序之后的结果如图 9-5 所示。

初始关键字序列	[45	34	67	95	78	12	26	45]
(1)	[26	34	12]	45	[78	95	67	45]
(2)	[12]	26	[34]	45	[78	95	67	45]
(3)	12	26	[34]	45	[78	95	67	45]
(4)	12	26	34	45	[78	95	67	45]
(5)	12	26	34	45	[45	67]	78	[95]
(6)	12	26	34	45	45	[67]	78	[95]
(7)	12	26	34	45	45	67	78	[95]
(8)	12	26	34	45	45	67	78	95

图 9-5　各趟排序之后的结果

下面进行快速排序的特点分析。

快速排序算法的执行时间取决于基准记录的选择。一趟快速排序算法的时间复杂度为 $O(n)$。下面分几种情况讨论整个快速排序算法需要排序的趟数。

(1) 在理想情况下，每次排序时所选取的记录关键字值都是当前待排序列中的“中值”记录，那么该记录的排序终止位置应在该序列的中间，这样就把原来的子序列分解成了两个长度大致相等的更小的子序列，在这种情况下，排序的速度最快。设完成 n 个记录待排序列所需的比较次数为 $C(n)$，则有 $C(n)\leqslant n+2C(n/2)\leqslant 2n+4C(n/4)\leqslant kn+nC(1)$($k$ 是序列的分解次数)。若 n 为 2 的幂次值且每次分解都是等长的，则分解过程可用一棵满二叉树描述，分解次数等于树的深度 $k=\log_2 n$，因此有 $C(n)\leqslant n\log_2 n+nC(1)=O(n\log_2 n)$。整个算法的时间复杂度为 $O(n\log_2 n)$。

(2) 在极端情况下，即每次选取的“基准”都是当前分组序列中关键字最小(或最大)的值，划分的结果是基准的前边(或右边)为空，即把原来的分组序列分解成一个空序列和一个长度为原来序列长度减 1 的子序列。总的比较次数达到最大值：

$$C_{\max}=\sum_{i=1}^{n-1}(n-i)=\frac{n(n-1)}{2}=O(n^2)$$

(3) 一般情况下，序列中各记录关键字的分布是随机的，因而可以认为快速排序算法的平均时间复杂度为 $O(n\log_2 n)$。实验证明，当 n 较大时，快速排序是目前被认为最好的一种内部排序方法。

9.6 查找算法的分类

理论上的查找算法非常复杂，对于不同的数据结构有不同的查找算法。

- 地图寻路问题——盲目搜索。策略有广度优先搜索、深度优先搜索、迭代加深搜索。
- 博弈问题——解决 AI 问题。在博弈数搜索中通常会使用 Alpha-Beta 剪枝，当总是先展开评估值高的节点时用 SSS*算法，其改进型是 MemSS*(对内存空间有上限控制)。
- 智能算法——遗传算法(Genetic Algorithm)、模拟退火算法(Simulator Annealing)、禁忌搜索(Tabu Search)、人工神经网络(Artificial Neural Network)。

除此以外，还有很多各具特色的查找算法，在这里首先介绍比较简单的线性表的查找方法，接着重点讲解对于普通图类结构的广度优先遍历和深度优先遍历的算法。

线性结构的查找算法常见的有顺序查找、二分查找、分块查找和哈希表查找。其中，顺序查找是最简单也是效率最低的，而二分查找的前提是线性表必须有序，否则要先进行排序操作。下面从二分查找开始我们的查找(检索之旅)。

9.7 二分查找

二分查找法如图 9-6 所示。

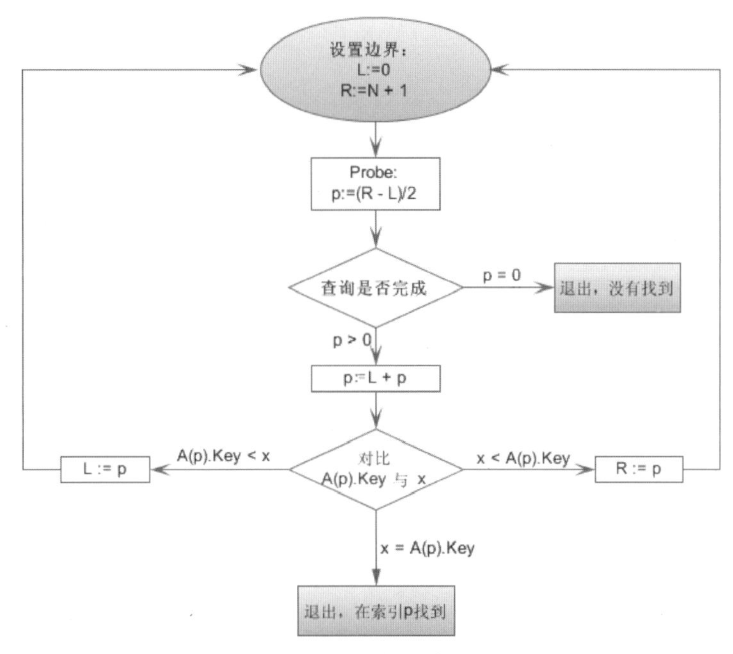

图 9-6 二分查找法

二分查找的算法思想：首先，将表中间位置记录的关键字与查找关键字比较，如果两者相等，则查找成功；否则利用中间位置记录将表分成前、后两个子表，如果中间位置记录的关键字大于查找关键字，则进一步查找前一子表，否则进一步查找后一子表。重复以上过程，直到找到满足条件的记录，使查找成功，或直到子表不存在为止，此时查找不成功。

二分查找的代码实现比较简单，这里不再赘述，希望同学们能够自己独立完成，同时分析一下二分查找的时间复杂度和空间复杂度。

9.8 广度优先遍历和深度优先遍历

下面重点来看一下广度优先遍历和深度优先遍历的算法特点。无序图如图 9-7 所示。

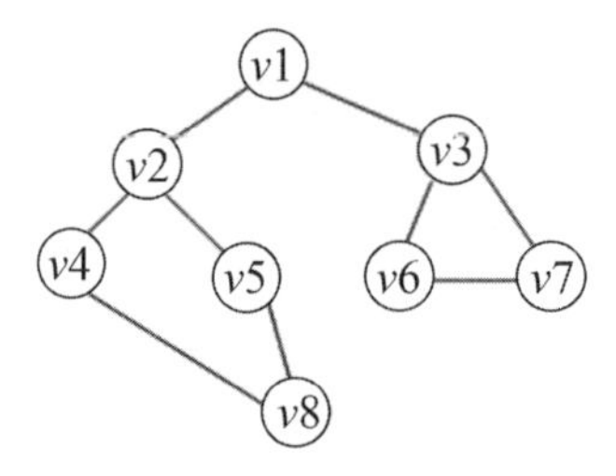

图 9-7　无序图

广度优先遍历的序列为 $v1 \to v2 \to v3 \to v4 \to v5 \to v6 \to v7 \to v8$，如图 9-8 所示。

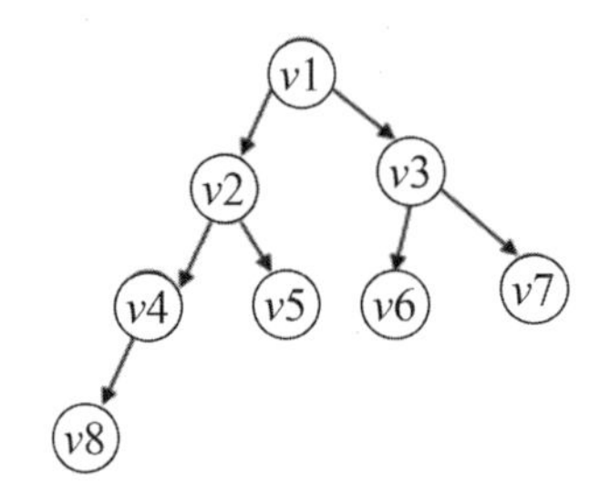

图 9-8　广度优选遍历

深度优先遍历的序列为 $v1 \to v2 \to v4 \to v8 \to v5 \to v3 \to v6 \to v7$，如图 9-9 所示。

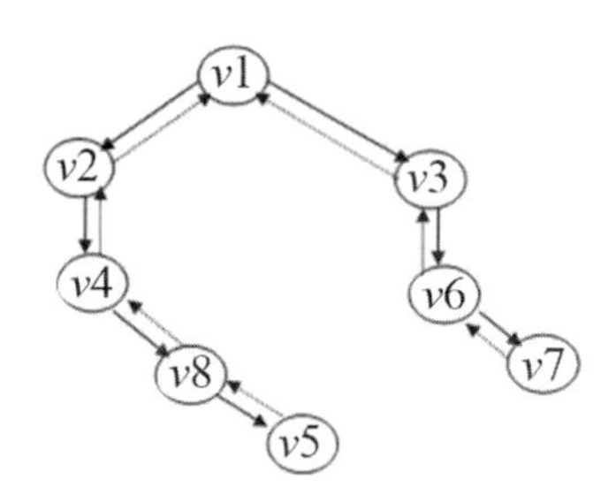

图 9-9　深度优选遍历

广度优先遍历类似于树的层次遍历，假设从图中某顶点 v 出发，在访问 v 之后依次访问 v 的各个未曾访问过的邻接点，然后分别从这些邻接点出发依次访问它们的邻接点，并使“先被访问的顶点的邻接点”先于“后被访问的顶点的邻接点”被访问，直至图中所有已被访问的顶点的邻接点都被访问到。若此时图中尚有顶点未被访问，则另选图中一个未曾被访问的顶点作起始点，重复上述过程，直至图中所有顶点都被访问到为止。

深度优先遍历类似于树的先根遍历，假设初始状态是图中所有顶点未曾被访问，则深度优先遍历可从图中某个顶点 v 出发，访问此顶点，然后依次从 v 的未被访问的邻接点出发深度优先遍历图，直至图中所有和 v 有路径相通的顶点都被访问到；若此时图中尚有顶点未被访问，则另选图中一个未曾被访问的顶点作为起始点，重复上述过程，直至图中所有顶点都被访问到为止。

有了上面的思路，考虑一下具体代码实现的问题。首先，如何来保存或者说描绘这张图呢？有两种常见的方法：邻接矩阵和邻接表。

那么什么又是邻接矩阵呢？

邻接矩阵(Adjacency Matrix)是表示顶点之间相邻关系的矩阵。设 $G=(V,E)$是一个图，其中 $V=\{v1, v2, \cdots, vn\}$。G 的邻接矩阵是一个具有下列性质的 n 阶方阵，如图 9-10 和图 9-11 所示。

$$A[i,j]=\begin{cases}1 & 若(v_i,v_j)或<v_i,v_j>是E(G)中的边\\ 0 & 若(v_i,v_j)或<v_i,v_j>不是E(G)中的边\end{cases}$$

$$a_1=\begin{bmatrix}0&1&1&1\\1&0&1&1\\1&1&0&0\\1&1&0&0\end{bmatrix}\qquad a_2=\begin{bmatrix}0&1&0&0&0\\1&0&0&0&1\\0&1&0&1&0\\1&0&0&0&0\\0&0&0&1&0\end{bmatrix}$$

图 9-10　性质

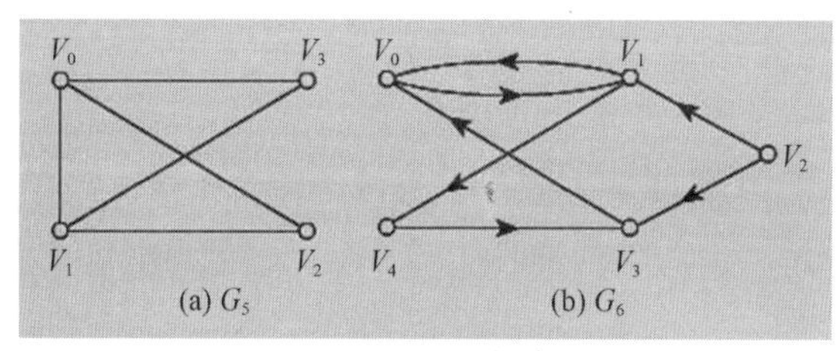

图 9-11　无向图 G_5 和有向图 G_6

通过图 9-10 和图 9-11 可以清楚地看到，邻接矩阵是一个特殊的 0、1 矩阵，对于 n 维的图就必须画出一个相应的 n 维矩阵。从空间复杂度的角度来看，这样的空间浪费还是很大的，因此出现了另外一种称为邻接表的链表存储方式来节约空间，有兴趣的同学可以自行查阅相关书籍。同时对于图的分类而言，大体上还可以分为有向图和无向图，下面的分析全部是针对无向图的，对于有向图的分析超出了本书的范围。

具体的代码实现中，利用一个二维数组来模拟邻接矩阵，同时采用递归的方式来实现深度优先和广度优先两种算法。

9.8.1　深度优先遍历算法

假设有 M 个节点，用数组 $a[M+1][M+1]$，$a[i][j]==0$ 从第 i 号点到第 j 号的路是不联通的，$a[i][j]==1$ 表示联通(编号从 1 开始)。

下面是深度优先遍历算法(DFS)专有的关键点。

(1) 使用函数和递归实现程序流程。

(2) 函数无返回值，打印结果在周游过程中完成。

(3) 需要一个输入参数 head，控制周游的初始点编号。

```
void dfs(int head)
{
    int i;                        //控制下一点编号的变量
    for(i=1;i<=num;i++)           //num 为节点总数
        if(a[head][i]==1&&d[i]==0)
```

```
        {
            d[i]=1;
            printf("-->%d", i);
            dfs(i);
        }
}
```

9.8.2 广度优先遍历算法

广度优先遍历(BFS)由于存在回溯的问题，因此利用一个队列来存储遍历的状态。下面是 BFS 专有的关键点。

(1) 使用函数和递归实现程序流程。

(2) 函数无返回值，打印结果在周游过程中完成。

(3) 不需要输入参数，过程的控制通过队列进行。

队列的使用及初始化：用 $q[M+1]$表示，另申请两个变量 curr(当前指针)和 t(尾指针)，存放周游过的和将要周游的点的编号。开始时令 curr=0; $q[0]$=head; t=1，并在函数中设置 curr<t 的继续运行条件。

```
void bfs(void)
{
    int i;
    if(curr<t)
    {
        for(i=1;i<=num;i++)
            if(a[q[curr]][i]==1&&d[i]==0)
            {
                d[i]=1;
                q[t]=i;
                t++;
                printf("-->%d", i);
            }
        curr++;
        bfs();
    }
}
```

9.9 精华推荐

通过前面知识的学习，相信大家对于常见的排序和查找算法有了一个大体的了解，在实际的开发过程中，可能会遇到更多的算法，如表 9-1 所示。

表 9-1　排序和查找的更多算法

(一) 基本算法
1. 枚举
2. 搜索
深度优先搜索
广度优先搜索
启发式搜索
3. 遗传算法
(二) 数据结构的算法
(三) 数论与代数算法
(四) 计算几何的算法：求凸包
(五) 图论算法：
1. 哈夫曼编码
2. 树的遍历
3. 最短路径算法
4. 最小生成树算法
5. 最小树形图
6. 网络流算法
7. 匹配算法
(六) 动态规划
(七) 其他
1. 数值分析
2. 加密算法
3. 排序算法
4. 检索算法
5. 随机化算法

但是万变不离其宗，只要同学们熟练掌握上面介绍的常用算法，对于其他更加复杂的算法，随着学习和工作的深入也一定会有更加深刻的理解和体会。

【单元小结】

- 算法的五个特征
  - 有穷性
  - 确定性
  - 输入
  - 输出
  - 可行性
- 常见的算法思想
  - 递推法
  - 递归法

- 排序算法
- 查找算法

【单元自测】

1. 请描述一下排序算法与查找算法的区别。
2. 深度优先与广度优先算法的区别是什么？
3. 递推法与递归法的区别是什么？
4. 算法的五个特征分别是什么？

单元十

计算机病毒(选)

课程目标

- 了解计算机病毒的发展史
- 了解计算机病毒的分类
- 了解计算机病毒设计中用到的部分数学原理
- 了解如何防范计算机病毒

简 介

本单元主要讲解计算机病毒的发展史，计算机病毒的分类，并依据计算机病毒设计原理讲解了使用到的部分数学知识，以及不同情况下病毒的防范。

10.1 计算机病毒发展史

计算机病毒(Computer Virus)在《中华人民共和国计算机信息系统安全保护条例》中被明确定义：指编制者在计算机程序中插入的破坏计算机功能或者破坏数据，影响计算机使用并且能够自我复制的一组计算机指令或者程序代码。

计算机病毒的概念其实起源相当早，在第一部商用计算机出现之前好几年时，计算机先驱约翰•冯•诺依曼(John Von Neumann)在他的一篇论文《复杂自动装置的理论及组织的进行》里，已经勾勒出病毒程序的蓝图。不过在当时，人们都无法想象会有这种能自我繁殖的程序。

1975 年，美国科普作家约翰•布鲁勒尔(John Brunner)写了一本名为《震荡波骑士》(Shock Wave Rider)的书，该书第一次描写了在信息社会中，计算机作为正义和邪恶双方斗争的工具的故事，成为当年最佳畅销书之一。

1977年夏天，托马斯•捷•瑞安(Thomas.J.Ryan)的科幻小说《P-1的春天》(The Adolescence of P-1)成为美国的畅销书。作者在这本书中描写了一种可以在计算机中互相传染的病毒，病毒最后控制了 7000 台计算机，造成了一场灾难。虚拟科幻小说世界中的东西，在几年后终于逐渐开始成为计算机使用者的噩梦。而差不多在同一时间，美国著名的AT&T 贝尔实验室中，三个年轻人在工作之余，很无聊地玩起一种游戏：彼此撰写出能够吃掉别人程序的程序来互相作战。这个叫作“磁芯大战”(Core War)的游戏，进一步将计算机病毒“感染性”的概念体现出来。

1983 年 11 月 3 日，一位南加州大学的学生弗雷德•科恩(Fred Cohen)在 UNIX 系统下，写了一个会引起系统死机的程序，但是这个程序并未引起一些教授的注意与认同。科恩为了证明其理论而将这些程序以论文发表，在当时引起了不小的震撼。科恩的程序，让计算机病毒具备破坏性的概念具体成形。不过，这种具备感染与破坏性的程序被真正称为“病毒”则是在两年后的一本《科学美国人》的月刊中。一位叫作杜特尼(A.K.Dewdney)的专栏作家在讨论“磁芯大战”与苹果二型计算机时，开始把这种程序称为“病毒”。从此以后我们对于这种具备感染或破坏性的程序，有了“病毒”这一称呼。

病毒是一种比较完美的、精巧严谨的代码，按照严格的秩序组织起来，与所在的系统网络环境相适应和配合起来，它不是偶然形成的。现在流行的病毒是人为编写的，多数病毒可以找到作者和产地信息。从大量的统计分析来看，病毒作者的主要情况和目的有：一些天才的程序员为了表现自己和证明自己的能力；出于对上司的不满；因为好奇；为了报复；为了祝贺和求爱；为了得到控制口令；为了软件拿不到报酬预留的陷阱等。当然也有因政治、军事、宗教、民族、专利等方面的需求而专门编写的，其中也包括一些病毒研究机构和黑客的测试病毒。而由于计算机病毒比其他武器拥有更多的优点，现在很多国家都在研究开发功能更加强大的计算机病毒武器。在1991年爆发的海湾战争中，美军开始使用“初级”的计算机病毒武器，成功地攻击了伊拉克的指挥中心，这是世界上首次用计算机病毒武器进行作战的战例，从而揭开了病毒武器投入实战的序幕。

10.1.1 第一个真正的计算机病毒

在1987年，第一个计算机病毒C-BRAIN诞生了。一般而言，业界都公认这是真正具备完整特征的计算机病毒始祖。这个病毒程序是由一对巴基斯坦兄弟——巴斯特(Basit)和阿姆捷特(Amjad)所写的，他们在当地经营一家贩卖个人计算机的商店，由于当地盗拷软件的风气非常盛行，因此他们的目的主要是防止软件被任意盗拷。只要有人盗拷他们的软件，C-BRAIN就会发作，将盗拷者的硬盘剩余空间给“吃掉”。这个病毒在当时并没有太大的杀伤力，但后来一些“有心人士”以C-BRAIN为蓝图，制作出一些变形的病毒。而其他新的病毒创作，也纷纷出笼，不仅有个人创作的，甚至出现不少创作集团(如NuKE、Phalcon/Skism、VDV)。各类扫毒、防毒与杀毒软件以及专业公司也纷纷出现。一时间，各种病毒创作与反病毒程序不断推陈出新，相互“斗法”。

10.1.2 DOS时代的著名病毒

1. 耶路撒冷(Jerusalem)

这个古董级病毒其实有个更广为人知的别称，叫作“黑色星期五”。为什么会有这么有趣的别称？道理很简单：因为只要每逢十三号又是星期五的日子，这个病毒就会发作。而发作时将会终止所有使用者所执行的程序，表现相当凶狠。

2. 米开朗基罗(Michelangelo)

米开朗基罗的名字，对于一些早一点的计算机使用者而言，真可说是大名鼎鼎。著名的原因除了它拥有一代艺术大师米开朗基罗的名字之外，更重要的是这款病毒的杀伤力惊人：每年到了3月6日米开朗基罗的生日(这也就是它叫作“米开朗基罗”的原因)时，这个病毒就会以格式化硬盘的方式来为这位大师祝寿。于是乎，你辛苦建立的所有资料都毁于一旦，永无翻身之日。

3. 猴子(Monkey)

Monkey据说是第一个“引导型”的病毒，只要你使用被Monkey感染过的系统软盘开机，病毒就会入侵到你的计算机中，然后伺机移走硬盘的分区表，让你一开机就会出现Invalid drive specification信息。比起文件型病毒只有执行过受感染文件才会中毒的途径而言，Monkey的确是更为难缠。

DOS时期的病毒，种类相当繁杂，而且不断有人改写现有的病毒。到了后期甚至有人写出所谓的“双体引擎”，可以把一种病毒创造出更多元化的面貌，让人防不胜防！而病毒发作的症状更是各式各样，有的会唱歌，有的会删除文件，有的会格式化硬盘，有的还会在屏幕上显出各式各样的图形。不过幸运的是，这些DOS时期的古董级病毒，由于大部分的杀毒软件都可以轻易地扫除，所以杀伤力已经大不如前。

10.1.3 Windows 病毒

随着Windows在全球的风行，个人电脑操作环境进入Windows时代。紧接着，Windows 95/98的盛行，使得当时几乎所有个人电脑的操作环境都是在Windows系统下。在Windows环境下就有了“宏病毒”与“32位病毒”。

1. 宏病毒

随着Windows系统中应用软件的发展，许多软件开始提供所谓“宏”的功能，让使用者可以用“创造宏”的方式，将一些烦琐的过程记录成一个简单的指令来方便自己的操作。然而这种方便的功能，在经过“有心人士”的设计之后，又使得“文件型”病毒进入一个新的阶段：传统的文件型病毒只会感染后缀为exe和com的执行文件，而宏病毒则会感染Word、Excel、AmiPro、Access等软件储存的资料文件。更严重的是，这种宏病毒是跨操作平台的。以Word的宏病毒为例，它可以感染DOS、Windows 3.1/95/98/NT、OS/2、麦金塔什等系统上的Word文件以及通用模板。宏病毒中一个著名的例子就是Melissa，它隐藏在Word 97格式的文件中，侵袭装有Word 97或Word 2000的计算机。它可以攻击Word 97的注册器并修改其预防宏病毒的安全设置，使它感染的文件所具有的宏病毒预警功能丧失作用。虽然宏病毒有很强的传染性，但幸运的是它的破坏能力并不太强，而且杀毒方式也较容易，有时不需杀毒软件就可以自行手动杀毒。

2. 32位病毒

所谓“32位病毒”，则是在Windows 95之后产生的一种新型文件型病毒，它虽然同样是感染exe可执行文件，但是这种病毒专挑Windows的32位程序下手，其中最著名的就是陈盈豪的CIH病毒。CIH病毒的厉害之处在于，他可以把自己的本体拆散塞在被感染的文件中，因此受感染的文件大小不会有所变化，杀毒软件也不易察觉。而最后一个版本的CIH病毒，除了每个月26日发作，将你的硬盘格式化之外，有时还会破坏主板BIOS内的资料，让你根本无法开机！CIH计算机病毒在全球造成的损失估计是10亿美元。不过现在不用怕了，CIH的工作原理是利用了早期Windows版本中使用的VXD技术，而现在使用的Windows NT系列则抛弃了VXD，所谓“皮之不存，毛将焉附”。CIH现在已经离开了历史的舞台，但是旧的走了也就意味着新的诞生，CIH走了，“熊猫烧香”来了。“熊猫烧香”病毒是一个能在Windows 9X/NT/2000/XP/2003系统上运行的蠕虫病毒。这一病毒采用“熊猫烧香”头像作为图标，诱使计算机用户运行。它的变种会感染计算机上的exe可执行文件，被病毒感染的文件图标均变为“熊猫烧香”。同时，受感染的计算机还会出现蓝屏、频繁重启以及系统硬盘中数据文件被破坏等现象。该病毒会在中毒计算机中所有的网页文件尾部添加病毒代码。一些网站编辑人员的计算机如果被该病毒感染，上传网页到网站后，就会导致用户浏览这些网站时也被病毒感染。新的技术、新的漏洞不断产生推动病毒技术不停发展，而且病毒带来的巨大利润也让无数的黑客潜心研究，更是极大地推动了病毒技术的进步。

10.1.4　Internet 时代的病毒

有人说 Internet 的出现，引爆了新一波的信息革命。因为在 Internet 上，人与人的距离被缩短到极小，而各式各样网站的建立以及搜寻引擎的运用，让每个人都很容易从网络上获得想要的信息。Internet 的盛行造就了信息的大量流通，但对于有心散播病毒、盗取他人账号和密码的计算机黑客来说，网络不折不扣地提供了一个绝佳的渠道。也因此，我们这些一般的使用者，虽然享受到 Internet 带来的方便，同时也陷入另一个恐惧之中。Internet 带来两种不同的安全威胁，一种威胁来自文件下载，这些被浏览的或是被下载的文件可能存在病毒；另一种威胁来自电子邮件，大多数 Internet 邮件系统提供了在网络间传送附带格式化文档邮件的功能，因此，遭受病毒的文档或文件就可能通过网关或邮件服务器涌入网络。网络使用的简易性和开放性使得这种威胁越来越严重。

1. CODERED

红色代码，一改过去文件型病毒的外貌，它没有文件实体，只存在于内存之中，同时分成数百份线程，对装有 Windows IIS 并存在特定漏洞的主机展开攻击。当计算机系统日期为 20 日到 28 日之间时，该蠕虫会自动对美国政府网站(www.whitehouse.gov)发动阻绝式服务攻击(DOS)；此外，当计算机系统日期小于 20 时，此蠕虫会根据内嵌的随机算法产生 IP 位址，扫描这些 IP 段上存在漏洞的主机，攻击并复制自己到受害主机。该病毒 2001 年 7 月 13 日开始发作，其后又陆续产生了许多变种，给全球带来 26 亿美元损失。

2. 冲击波

该病毒运行时会不停地利用 IP 扫描技术寻找网络上系统为 Windows 2000 或 XP 的计算机，找到后就利用 DCOM RPC 缓冲区漏洞攻击该系统，一旦攻击成功，病毒体将会被传送到对方计算机中进行感染，使系统操作异常，不停重启，甚至导致系统崩溃。另外，该病毒还会对微软的一个升级网站进行拒绝服务攻击，导致该网站堵塞，使用户无法通过该网站升级系统。该病毒 2003 年夏爆发，数十万台计算机被感染，给全球造成 20 亿美元至 100 亿美元的损失。

3. MyDoom

MyDoom 是一种通过电子邮件附件和 P2P 网络 Kazaa 传播的病毒。当用户打开并运行附件内的病毒程序后，病毒就会以用户信箱内的电子邮件地址为目标，伪造邮件的源地址，向外发送大量带有病毒附件的电子邮件，同时在用户主机上留下可以上传并执行任意代码的后门(TCP 3127～3198 范围内)。该病毒 2004 年 1 月 26 日爆发，在高峰时期，导致网络加载时间慢 50%以上。

其他还有 LOVE YOU 病毒、“库尔尼科娃”病毒、Homepage 病毒及“求职信”病毒等，这些病毒都主要是利用电子邮件作为传播途径，而且一般都是选择 Microsoft Outlook 侵入，利用 Outlook 的可编程特性完成发作和破坏。在收件人使用 Outlook 打开感染病毒的邮件或附件时，里面的病毒就会自动激活并向“通信簿”中的人发送带有病毒附件的邮件，类似于蠕虫一样“蠕动”，在很短的时间内病毒邮件会大规模地复制与传播，从而致使邮件服务器耗尽资源而瘫痪，并严重影响网络运行。部分病毒甚至可能破坏用户本地硬盘上的数据和文件。

10.2 计算机病毒分类

从第一个病毒被制造出来到现在，病毒的数量在不断增加，我们可以按照计算机病毒的特点及特性，将其划分为不同的种类。计算机病毒的分类方法有许多种，因此，同一种病毒可能有多种不同的分法。

10.2.1 按照计算机病毒攻击的系统分类

按照计算机病毒攻击的系统，可以分为以下几类病毒。

(1) 攻击 DOS 系统的病毒。

这类病毒出现的最早、最多，变种也最多。随着 Windows 操作系统的流行，这类病毒越来越少，但某些病毒仍可破坏硬盘引导记录。

(2) 攻击 Windows 系统的病毒。

由于 Windows 的图形用户界面(GUI)和多任务操作系统深受用户的欢迎，Windows 系统也已取代 DOS，成为病毒攻击的主要对象。

(3) 攻击 UNIX/Linux 系统的病毒。

当前，UNIX/Linux 系统应用非常广泛，并且许多大型的操作系统均采用 UNIX/Linux 作为其主要的操作系统，所以 UNIX/Linux 病毒对人类的信息处理也是一个严重的威胁。

(4) 攻击 OS/2 系统的病毒。

世界上已经发现攻击 OS/2 系统的病毒，它虽然简单，但也是一个不祥之兆。

10.2.2 按照计算机病毒的链接方式分类

计算机病毒本身必须有一个攻击对象才能实现对计算机系统的攻击，计算机病毒所攻击的对象是计算机系统可执行的部分。

(1) 源码型病毒。

该病毒攻击高级语言编写的程序，该病毒在高级语言所编写的程序编译前插入源程序中，经编译成为合法程序的一部分。

(2) 嵌入型病毒。

这种病毒是将自身嵌入现有程序中，把计算机病毒的主体程序与其攻击的对象以插入的方式链接。这种计算机病毒是难以编写的，一旦侵入程序体后也较难消除。如果同时采用多态性病毒技术、超级病毒技术和隐蔽性病毒技术，将给当前的反病毒技术带来严峻的挑战。

(3) 外壳型病毒。

外壳型病毒将其自身包围在主程序的四周，对原来的程序不做修改。这种病毒最为常见，易于编写，也易于发现，一般通过测试文件的大小即可发现。

(4) 操作系统型病毒。

这种病毒用它自己的程序意图加入或取代部分操作系统进行工作，具有很强的破坏力，可以导致整个系统的瘫痪。“圆点”病毒和“大麻”病毒就是典型的操作系统型病毒。这种病毒在运行时，用自己的逻辑部分取代操作系统的合法程序模块，根据病毒自身的特点和被替代的操作系统中的合法程序模块在操作系统中运行的地位与作用，以及病毒取代操作系统的取代方式等，对操作系统进行破坏。

10.2.3　按照计算机病毒的破坏情况分类

按照计算机病毒的破坏情况，可以分为以下几类病毒。

(1) 良性病毒。

良性病毒是指其不包含立即对计算机系统产生直接破坏作用的代码。这类病毒为了表现其存在，只是不停地进行扩散，从一台计算机传染到另一台，并不破坏计算机内的数据。有些人对这类计算机病毒的传染不以为然，认为这只是恶作剧，没什么关系。其实良性、恶性都是相对而言的。良性病毒取得系统控制权后，会导致整个系统和应用程序争抢 CPU 的控制权，时时导致整个系统死锁，给正常操作带来麻烦。有时系统内还会出现几种病毒交叉感染的现象，一个文件不停地反复被几种病毒所感染，导致整个计算机系统由于多种病毒寄生于其中而无法正常工作。因此也不能轻视所谓良性病毒对计算机系统造成的损害。

(2) 恶性病毒。

恶性病毒就是指在其代码中包含有损伤和破坏计算机系统的操作，在其传染或发作时会对系统产生直接的破坏作用。这类病毒是很多的，如米开朗基罗病毒。当米开朗基罗病毒发作时，硬盘的前 17 个扇区将被彻底破坏，使整个硬盘上的数据无法被恢复，造成的损失是无法挽回的。有的病毒还会对硬盘做格式化等破坏。这些操作代码都是刻意编写进病毒的，这是其本性之一。因此这类恶性病毒是很危险的，应当注意防范。所幸防病毒系统可以通过监控系统内的这类异常动作识别出计算机病毒的存在与否，或至少发出警报提醒用户注意。

10.2.4　按照当前主流的杀毒软件给病毒起的名字分类

很多时候大家已经用杀毒软件查出了自己的计算机中了如 Rootkit.Vanti.zg、Trojan.

Win32.SendIP.15 等这些一串英文还带数字的病毒名，这时有些人就懵了，那么长一串的名字，怎么知道是什么病毒？其实只要掌握一些病毒的命名规则，就能通过杀毒软件报告中出现的病毒名来判断该病毒的一些公有的特性。由于病毒繁多，反病毒公司为了方便管理，会按照病毒的特性，将病毒进行分类命名。虽然每个反病毒公司的命名规则都不太一样，但大体都是采用一个统一的命名方法来命名的。一般格式为：<病毒前缀>. <病毒名>. <病毒后缀>。

病毒前缀是指一个病毒的种类，它是用来区别病毒的种族分类的。不同种类的病毒，其前缀也是不同的。例如常见的木马病毒的前缀 Trojan，蠕虫病毒的前缀 Worm 等。病毒名是指一个病毒的家族特征，是用来区别和标识病毒家族的，如以前著名的 CIH 病毒的家族名都是统一的 CIH。病毒后缀是指一个病毒的变种特征，是用来区别具体某个家族病毒的某个变种的。一般都采用英文中的 26 个字母来表示，如 Worm.Sasser.b 就是指振荡波蠕虫病毒的变种 B，因此一般称为“振荡波 B 变种”或者“振荡波变种 B”。如果该病毒变种非常多，可以采用数字与字母混合表示变种标识。具体的常见分类如下。

(1) 系统病毒。

系统病毒的前缀为Win32、PE、Win95、W32、W95等。这些病毒一般公有的特性是可以感染Windows操作系统的 *.exe 和 *.dll 文件，并通过这些文件进行传播，如CIH病毒。

(2) 蠕虫病毒。

蠕虫病毒的前缀是 Worm。这种病毒的公有特性是通过网络或者系统漏洞进行传播，很大部分的蠕虫病毒都有向外发送带毒邮件、阻塞网络的特性，如冲击波(阻塞网络)、求职信(发带毒邮件)等。

(3) 木马病毒、黑客病毒。

木马病毒的前缀是 Trojan，黑客病毒前缀名一般为 Hack。木马病毒的公有特性是通过网络或者系统漏洞进入用户的系统并隐藏，然后向外界泄露用户的信息，而黑客病毒则有一个可视的界面，能对用户的计算机进行远程控制。木马、黑客病毒往往是成对出现的，即木马病毒负责侵入用户的计算机，而黑客病毒则会通过该木马病毒来进行控制。现在这两种类型都越来越趋向于整合了。这里补充一点，病毒名中带有 PSW 或者 PWD 之类的一般都表示这个病毒有盗取密码的功能(这些字母一般都为“密码”的英文 password 的缩写)。

(4) 脚本病毒。

脚本病毒的前缀是 Script。脚本病毒的公有特性是使用脚本语言编写，通过网页进行传播，如红色代码。脚本病毒还会有如下前缀：VBS、JS(表明是何种脚本编写的)。

(5) 宏病毒。

其实宏病毒也是脚本病毒的一种，由于它的特殊性，因此在这里单独算成一类。宏病毒的前缀是 Macro，第二前缀是 Word、Word97、Excel、Excel97(也许还有别的)其中之一。凡是只感染 Word 97 及以前版本 Word 文档的病毒采用 Word97 作为第二前缀，格式是 Macro.Word97；凡是只感染 Word 97 以后版本 Word 文档的病毒采用 Word 作为第二前缀，格式是 Macro.Word；凡是只感染 Excel 97 及以前版本 Excel 文档的病毒采用 Excel97 作为第二前缀，格式是 Macro.Excel97；凡是只感染 Excel 97 以后版本 Excel 文档的病毒采用 Excel 作为第二前缀，格式是 Macro.Excel，依此类推。该类病毒的公有特性是能感染 Office

系列文档，然后通过 Office 通用模板进行传播。

(6) 后门病毒。

后门病毒的前缀是 Backdoor。该类病毒的公有特性是通过网络传播，给系统开后门，给用户计算机带来安全隐患。

(7) 种植程序病毒。

这类病毒的公有特性是运行时会从体内释放出一个或几个新的病毒到系统目录下，由释放出来的新病毒产生破坏。

(8) 破坏性程序病毒。

破坏性程序病毒的前缀是 Harm。这类病毒的公有特性是本身具有好看的图标来诱惑用户单击，当用户单击这类病毒时，病毒便会直接对用户计算机产生破坏。

(9) 玩笑病毒。

玩笑病毒的前缀是 Joke，也称恶作剧病毒。这类病毒的公有特性是本身具有好看的图标来诱惑用户单击，当用户单击这类病毒时，病毒会做出各种破坏操作来吓唬用户，其实病毒并没有对用户计算机进行任何破坏。

(10) 捆绑机病毒。

捆绑机病毒的前缀是 Binder。这类病毒的公有特性是病毒作者会使用特定的捆绑程序将病毒与一些应用程序如 QQ、IE 捆绑起来，表面上看是一个正常的文件，当用户运行这些捆绑机病毒时，会表面上运行这些应用程序，然后隐藏运行捆绑在一起的病毒，从而给用户计算机造成危害。

以上为比较常见的病毒前缀，有时还会看到一些其他的，如下。

- DoS：会针对某台主机或者服务器进行 DoS 攻击。
- Exploit：会自动通过溢出对方或者自己的系统漏洞来传播自身，或者它本身就是一个用于 Hacking 的溢出工具。
- HackTool：黑客工具，也许本身并不破坏你的系统，但是会被别人加以利用来用你做替身去破坏别人。

用一些杀毒软件检查一下自己的系统并发现病毒，仔细看一下每个病毒的名字，就知道这个病毒是怎么回事了。

10.3　计算机病毒设计原理

技术本身是没有任何过错的，只要不把这些技术用来做坏事。掌握计算机病毒编写技术对制作反病毒程序是必要的。而要制作出计算机病毒，必须先掌握一门程序语言，ASM、C/C++、Delphi 或者其他的都可以。但只掌握一门语言是不行的，最好能够熟练掌握汇编代码(也就是了解 X86 指令集)，另外还需要了解计算机病毒所针对的操作系统，如 Windows。只有了解操作系统的工作原理才能写好计算机病毒程序。了解操作系统，首先需要掌握的就是 PE 文件格式，该格式是 Windows 操作系统的可执行程序的文件格式。关于 PE 文件格式，各种关于 Windows 操作系统的书上都有描述。其实了解这种文件格式很简单。

所有 PE 文件(包括 32 位的 DLLs)必须以一个简单的 DOS MZ header 开始。有了它，一旦程序在 DOS 下执行，DOS 就能识别出这是有效的执行体，然后运行紧随 MZ header 之后的 DOS stub。DOS stub 实际上是个有效的 EXE，在不支持 PE 文件格式的操作系统中，它将简单显示一个错误提示，类似于字符串 This program requires Windows，或者程序员可根据自己的意图实现完整的 DOS 代码。通常我们也不会对 DOS stub 太感兴趣：因为大多数情况下它是由汇编器/编译器自动生成的。通常，它简单调用中断 21H 服务 9 来显示字符串 This program cannot run in DOS mode。紧接着 DOS stub 的是 PE header。PE header 是 PE 相关结构 IMAGE_NT_HEADERS 的简称，其中包含了许多 PE 装载器用到的重要域。当更加深入研究 PE 文件格式后，将对这些重要域耳熟能详。执行体在支持 PE 文件结构的操作系统中执行时，PE 装载器将从 DOS MZ header 中找到 PE header 的起始偏移量，因而跳过了 DOS stub 直接定位到真正的文件头 PE header。

PE 文件的真正内容划分成块，称为 sections(节)。每节是一块拥有共同属性的数据，如代码/数据、读/写等。可以把 PE 文件想象成一个逻辑磁盘，PE header 是磁盘的 boot 扇区，而 sections 就是各种文件，每种文件自然就有不同属性，如只读、系统、隐藏、文档等。值得注意的是，节的划分是基于各组数据的共同属性，而不是逻辑概念。如果 PE 文件中的数据/代码拥有相同属性，它们就能被归入同一节中。不必关心节中类似于 data、code 或其他的逻辑概念，如果数据和代码拥有相同属性，它们就可以被归入同一个节中。节名称仅仅是个区别不同节的符号而已，类似 data、code 的命名只为了便于识别，唯有节的属性设置决定了节的特性和功能。如果某块数据想置为只读属性，就可以将该块数据放入置为只读的节中，当 PE 装载器映射节内容时，它会检查相关节属性并设置对应内存块为指定属性。

PE header 接下来的是数组结构 section table(节表)，每个结构包含对应节的属性、文件偏移量、虚拟偏移量等。

下面介绍系统装载一个 PE 文件的主要步骤。

当 PE 文件被执行时，PE 装载器检查 DOS MZ header 中的 PE header 偏移量，如果找到了，则跳转到 PE header。PE 装载器检查 PE header 的有效性，如果有效，就跳转到 PE header 的尾部。紧跟 PE header 的是节表，PE 装载器读取其中的节信息，并采用文件映射方法将这些节映射到内存，同时附上节表中指定的节属性。PE 文件映射入内存后，PE 装载器将处理 PE 文件中的 import table(导入表)、重定位信息等逻辑部分。处理完后开始执行程序。

10.3.1 递归原理

一个函数自己调用自己就是递归。最显然的情况是直接递归，即在函数中直接显式地调用它本身。下面看一个简单的关于递归的例子。

```
f(int n)
{
```

```
        ...
        f(n/2);
        ...
    }
```

另外的情形是，一个函数调用另一个函数，它又反过来调用第一个函数。这种情形称为间接递归。例如：

```
    a(int n)
    {
        ...
        b(n/3);
        ...
    }
    b(int n)
    {
        ...
        a(n/2);
        ...
    }
```

它看起来似乎是错误定义的和危险的循环。有人认为这种程序可能在永不终止的函数调用序列中循环。当然，这是可能的，但这只是在函数定义不正确时才会发生。对程序而言，递归函数的目的是执行一系列调用，一直到达某一点，序列终止。为了保证递归函数是正常执行的，应该遵守下面的规则。

- 每次当一个递归函数被调用时，程序首先应该检查一些基本的条件是否满足了。例如某个参数的值等于零，如果是这种情形，函数应停止递归。
- 每次当函数被递归调用时，传递给函数一个或多个参数，应该以某种方式变得“更简单”，即这些参数应该逐渐靠近上述基本条件。例如，一个正整数在每次递归调用时会逐渐变小，以至最终其值能达到零。

关于递归问题最好的例子就是阶乘。阶乘函数是按照递推关系式来定义的：

```
    f(0) = 1
    f(n) = n * f(n-1)        (n>0)
```

递归是计算机程序设计中常用到的一种简单易懂的方法，在很多场合下，利用递归可以大量减少代码量。递归往往能体现设计者头脑的聪慧，简单的递归函数能省去大段大段的代码。其实在计算机病毒工作过程中就会用到递归。为了找到宿主程序进行隐藏和传播，病毒会一直遍历系统目录，直到完成为止。这个遍历的过程就是递归的过程。可以看如下所示的伪代码。

```
    void EnumFile(LPCTSTR lpszPath)
    {
        TCHAR szFind[MAX_PATH];
        strcpy(szFind，lpszPath);
        strcat(szFind，"\\*.*");
```

```
    WIN32_FIND_DATA      wfd;
    HANDLE hFind = FindFirstFile(szFind，&wfd);
    if (hFind == INVALID_HANDLE_VALUE)
        return;
    do
    {
      if( wfd.cFileName[0] == '.' )   //   '.' 和 '..'要排除
            continue;
      if ( wfd.dwFileAttributes == FILE_ATTRIBUTE_DIRECTORY)    //是目录，这里要递归
      {
            TCHAR szFile[MAX_PATH];
            sprintf(szFile，"%s\\%s"，lpszPath，wfd.cFileName);
       EnumFile(szFile);
      }
      else
      {
            //处理问题的代码放在这里
      }
    } while (FindNextFile(hFind，&wfd));
    CloseHandle(hFind);
}
```

10.3.2 函数的运用

函数是一个基本的数学概念。在通常的函数定义中，y＝f(x)是在实数集合上讨论，这里把函数概念予以推广，把函数看作是一种特殊的关系。例如，计算机中把输入、输出间的关系看成是一种函数等。函数有着极其广泛的应用，通常一个算法就是一个函数。这里首先提到的是逆函数，关于逆函数的定义，高中数学书上就有比较详细的说明。对函数y=f(x)，如果逆函数是它自己，就是 f，则有 f(f(x))=x。这种函数的一个最典型的例子就是 xor 运算。在计算机病毒多态上函数就得到了广泛的运用。

下面举例说明，代码片段(解密代码)如下。

```
mov bx，offset startencrypt      ; bx 指针寄存器
mov cx，viruslength / 2          ; cx 计数器
decrypt_loop：
xor word ptr [bx]，12h           ; 采用 xor 函数解密(由于加密采用的是 xor 来达到多态的目的，这里可以设计用其他的函数变换来改变可执行代码的样子)
inc bx                           ;
inc bx                           ; bx+=2
loop decrypt_loop                ; 循环
startencrypt：
...
```

现在的杀毒软件对病毒的查杀基本上都利用所谓的特征码技术。通过对病毒样本进行分析找到特征码，杀毒软件就利用这些特征码来快速识别可执行文件，一旦找到特征码就

会判断出病毒，这样就达到了快速识别已知病毒的能力。病毒的多态技术就是为了对抗这种特征码查找技术的技术。通过让程序每次执行都改变自己的样子来达到多态的目的，这样特征码就不复存在，特征码扫描技术就失去作用了。下面了解一下多态的相关知识。

为了保护一个病毒有效地隐藏自身避免被扫描程序捕获，一个多态引擎必须具有许多功能。

(1) 特征性固有代码必须被加密。

(2) 加密必须采用不同的加密 KEY，甚至不同的算法，由此，经处理的加密部分，看上去没有两个相同的加密实例存在，即每次加密过的病毒代码完全不同。

(3) 解密程序必须是改变的，它的生成基于每一个新产生的加密模块，去保证对应的正确解码，维持固有的功能特性。任何两个解密程序应该具有足够的相异性。

如果上述(2)、(3)条没有包含在病毒中，这个病毒很容易被检查程序通过扫描字符串发现。病毒包含解密程序去还原自身代码，多态引擎是内嵌在被加密的病毒体之中的。

当程序执行时，如下的事件将会发生：程序开始处，一条直接跳转指令 JMP 首先将指令指针 IP 转到解密程序，它解密包含有多态引擎的病毒程序。一旦病毒代码被解密，它就可以像任何其他程序一样被执行在完成自己的使命后，转交控制权给原先被感染的程序。

病毒感染一个文件，首先在目标程序开头写一个跳转命令 JMP，简单的方法可以是指向被感染文件的结束处，因为这里准备放入病毒自身的代码；其次就是调用多态引擎去产生一个使用新的加密方法加密的病毒体和相应的解密 KEY，并将它们合并到被感染的程序，最后在病毒执行代码结束处设置 JMP 指令，返回被感染程序。

多态加密程序采用几种不同的加密算法去加密病毒代码，这不仅是为了阻止病毒被发现，也是为了能够以尽量小的代码量产生更多的不同的被加密的病毒版本(实例)。为了产生更多的变化，这个过程需要许多不同的变量来初始化。例如，利用日期、时间、被感染文件的大小等不确定因素来保证最大可能的变化性。病毒可能会根据一个结论来决定是否继续繁殖自身。因为在一个固定的环境下，可能不再有适合的可变化因素提供产生足够多的不同加密方法。

病毒代码的加密依然不足以对抗字符串扫描。多态引擎的最弱一环是它自身的解密器(也就是前面提到的解密代码)，因为解密器本身需要首先用于转换被加密的病毒代码到可执行代码(但解密器必须是可执行的)。同样的解密程序被用于所有被加密的病毒中，扫描器可能通过字符串扫描发现这个解密器的特征，它的加密是个大问题。因此，为了避免解密器被侦测，需要在其中插入足够的无意义的代码片段和指令(如 NOP 或者 MOV BX:BX 等合法但没什么作用的代码)，去迷惑扫描器。许多多态引擎带有垃圾代码生成器(混淆器)，以一定的规则参照执行主机的特性，去改变解密程序的代码同时保留它的完整功能性。这里的一个基本条件是需要一个伪随机数发生器去随机地产生和插入程序代码到解密程序中。还有更多的技术用于保护解密程序不被扫描器发现。

多态引擎的质量直接由引擎中的垃圾代码生成算法决定。产生垃圾代码的主要方式是采用等价变换和随机函数。

等价变换：

```
mov  ax,  808h
```

等价于：

```
mov  ax,  303h                  ; ax = 303h
mov  bx,  101h                  ; bx = 101h
add  ax,  bx                    ; ax = 404h
shl  ax,  1                     ; ax = 808h
```

其他诸如将 EAX 清零，就有“xor eax，eax;”“sub eax，eax;”等的等价变换，这些等价变换采用随机函数来选择使用。

随机函数 Random，通过一个值作为种子 seed，采用某种算法就可以产生出一个比较随机的数。当然这种数也是伪随机数，要想获得真正的随机数就需要掌握更多的数学知识。

10.4 计算机病毒防治

病毒的入侵必将对系统资源构成威胁，即使是良性病毒，至少也会占用少量的系统空间，影响系统的正常运行。特别是通过网络传播的计算机病毒，能在很短的时间内使整个计算机网络处于瘫痪状态，从而造成巨大的损失。因此，防止病毒的入侵要比病毒入侵后再去发现和消除它更重要。因为没有病毒的入侵，也就没有病毒的传播，更不需要清除病毒。另外，现有病毒已有上万种，并且还在不断增多。而杀毒是被动的，只有在发现病毒后，对其剖析、选取特征串，才能设计出该“已知”病毒的杀毒软件。它不能检测和清除研制者未曾见过的“未知”病毒，甚至对已知病毒的特征串稍作改动，就可能无法检测出这种变种病毒或者在杀毒时出错。这样，发现病毒时，可能该病毒已经流行起来或者已经造成破坏。

防毒的重点是控制病毒的传染，防毒的关键是对病毒行为的判断。如何有效辨别病毒行为与正常程序行为是防毒成功与否的重要因素。防毒的难点就在于如何快速、准确、有效地识别病毒行为。计算机病毒的传播主要是通过复制、传送、运行程序等方式进行，网络尤其是互联网的发展加快了病毒的传播速度。病毒的防治包括检测、消除和恢复等环节。病毒的防治从传统的依靠检测病毒特征代码来判定发展到了行为判别机制，即根据程序的行为进行有无病毒的判断。除前述的计算机异常现象外，以下现象也可以帮助检测计算机是否感染了病毒：

- 计算机运行比平时迟钝；
- 程序载入时间比平时长；
- 磁盘读写时间异常的长；
- 出现异常的错误信息；
- 硬盘的指示灯异常；
- 可执行程序大小被改变；
- 内存中出现不明的常驻程序。

做好计算机病毒防治要做好以下安全措施。

- 用户应养成及时下载最新系统安全漏洞补丁的习惯，从根源上杜绝黑客利用系统漏洞攻击用户计算机。同时，升级杀毒软件、开启病毒实时监控应成为每日防范病毒的必修课。
- 请定期做好重要资料的备份，以免造成重大损失。
- 选择具备“网页防火墙”功能的杀毒软件，每天升级杀毒软件病毒库，定时对计算机进行病毒查杀，上网时开启杀毒软件全部监控。
- 请勿随便打开来源不明的 Excel 或 Word 文档，并且要及时升级病毒库，开启实时监控，以免受到病毒的侵害。
- 上网浏览时，一定要开启杀毒软件的实时监控功能，以免遭到病毒侵害。
- 上网浏览时，不要随便单击不安全的陌生网站，以免遭到病毒侵害。
- 及时更新计算机的防病毒软件，安装防火墙，为操作系统及时安装补丁程序。
- 在上网过程中要注意加强自我保护，避免访问非法网站，这些网站往往潜入了恶意代码，一旦用户打开其页面，即会被植入木马与病毒。
- 利用 Windows Update 功能打全系统补丁，避免病毒从网页木马的方式入侵到系统中。
- 将应用软件升级到最新版本，其中包括各种 IM 即时通信工具、下载工具、播放器软件、搜索工具条等；更不要登录来历不明的网站，避免病毒利用其他应用软件漏洞进行木马病毒传播。

10.4.1 即时通信工具传播的病毒的预防措施

具体预防措施如下。

(1) 提高警惕，切勿随意单击 MSN 等一些即时通信工具中给出的链接，确认消息来源，并克服一定的好奇心理。

(2) 通过即时通信工具等途径接收文件前，请先进行病毒查杀。

(3) QQ 和 MSN 用户应提高网络安全意识，不要轻易接收来历不明的文件，即便是 MSN 好友发来的文件也要谨慎，尤其是扩展名为*.zip、*.rar 等格式的文件，当遇到有人发来以上格式的文件时请直接拒绝。

(4) 在使用即时通信工具时，不要随意接收好友发来的文件，避免病毒从即时聊天工具传播进来。

10.4.2 蠕虫类病毒的预防措施

具体预防措施如下。

(1) 建议在打开邮件附件或链接前，首先确定邮件来源，并确认文件后缀名是否正确，以免被虚假后缀欺骗。

(2) 设置网络共享账号及密码时，尽量不要使用空密码和常见字符串，如 guest、user、administrator 等。密码最好超过 8 位，尽量复杂化。

(3) 在运行通过网络共享下载的软件程序之前，建议先进行病毒查杀，以免导致中毒。

(4) 接收到不明来历的邮件时，请不要随意打开其中给出的链接以及附件，以免中毒。

(5) 在打开通过局域网共享及共享软件下载的文件或软件程序之前，建议先进行病毒查杀，以免导致中毒。

(6) 利用 Windows Update 功能打全系统补丁，避免病毒以网页木马的方式入侵到系统中。

(7) 禁用系统的自动播放功能，防止病毒从 U 盘、移动硬盘、MP3 等移动存储设备进入到计算机。禁用 Windows 系统的自动播放功能的方法：在运行中输入 gpedit.msc 后按 Enter 键，打开组策略编辑器，依次单击“计算机配置”→“管理模板”→“系统”→“关闭自动播放”→“已启用”→“所有驱动器”→“确定”。

(8) 将应用软件升级到最新版本，其中包括各种 IM 即时通信工具、下载工具、播放器软件、搜索工具条等；更不要登录来历不明的网站，避免病毒利用其他应用软件漏洞进行木马病毒传播。

(9) 不要打开不明来源的电子邮件，在打开电子邮件时特别当心其中包含的附件，极有可能就是病毒或木马。

10.4.3　网页挂马病毒的预防措施

具体预防措施如下。

(1) 利用 Windows Update 功能打全系统补丁，避免病毒以网页木马的方式入侵到系统中。

(2) 将应用软件升级到最新版本，其中包括各种 IM 即时通信工具、下载工具、播放器软件、搜索工具条等；更不要登录来历不明的网站，避免病毒利用其他应用软件漏洞进行木马病毒传播。

(3) 当有未知插件提示是否安装时，请首先确定其来源。

10.4.4　利用 U 盘进行传播的病毒的预防措施

具体预防措施如下。

(1) 在使用移动介质(如 U 盘、移动硬盘等)之前，建议先进行病毒查杀。

(2) 禁用系统的自动播放功能，防止病毒从 U 盘、移动硬盘、MP3 等移动存储设备进入到计算机。

(3) 尽量不要使用双击打开 U 盘，而是右击，从弹出的快捷菜单中选择“打开”命令。

10.4.5　网上银行、在线交易传播的病毒的预防措施

具体预防措施如下。

(1) 在登录电子银行实施网上查询交易时，尽量选择安全性相对较高的USB证书认证方式。不要在公共场所如网吧，登录网上银行等一些金融机构的网站，防止重要信息被盗。

(2) 网上购物时也要选择注册时间相对较长、信用度较高的店铺。

(3) 不要随便单击不安全陌生网站；如果遇到银行系统升级要求更改用户密码或输入用户密码等要求，一定要提前确认。如果用户不幸感染了病毒，除了用相应的措施查杀病毒外，也要及时和银行联系，冻结账户，并向公安机关报案，把损失减小到最低。

(4) 在登录一些金融机构，如银行、证券类的网站时，应直接输入其域名，不要通过其他网站提供的链接进入，因为这些链接可能导入虚假的银行网站。

10.5　研究社区

常用的社区网站有以下几个。

- www.29a.net——29A。
- www.pediy.com——看雪论坛。
- www.soudu.net——搜毒，部分病毒代码。
- www.retcvc.com——病毒公社。

【单元小结】

- 计算机病毒的产生、发展和分类
  - DOS时代病毒
    - 耶路撒冷病毒
    - 米开朗基罗病毒
    - 猴子病毒
  - Windows时代病毒
    - 宏病毒
    - 32位病毒
  - Internet时代病毒
    - CODERED
    - 冲击波
    - MYDOOM
- 计算机病毒设计原理中的部分数学原理
  - 递归调用
  - 函数原理

- 计算机病毒的防治
  - 即时通信工具预防措施
  - 蠕虫类预防措施
  - 网页挂马病毒的预防措施
  - 利用 U 盘进行传播的病毒的预防措施
  - 网上银行、在线交易的预防措施

【单元自测】

1. 计算机病毒按照破坏情况可以分为_______和_______。
2. 和 sub eax、eax 等价的指令有_______、_______、_______。(能写多少写多少)
3. 怎样才能做好计算机病毒的防治？

单元 十一

计算机密码学(选)

课程目标

- 了解密码学中的常用术语
- 掌握常见的密码分类
- 了解常用的密码学数学基础
- 掌握如何增强操作系统安全
- 了解密钥交换和数字签名算法

简 介

本单元首先讲解了计算机密码学的概论，紧接着讲解了计算机密码学的数学基础，然后从信息安全和网络安全角度进一步阐述了计算机密码学的相关应用，最后给出两个比较有趣的简单密码。

11.1 密码学概论

随着计算机联网的逐步实现，计算机信息的保密问题显得越来越重要。数据保密变换或密码技术，是对计算机信息进行保护的最实用和最可靠的方法。

密码是实现秘密通信的主要手段，是隐蔽语言、文字、图像的特种符号。凡是用特种符号按照通信双方约定的方法把电文的原形隐蔽起来，不为第三者所识别的通信方式称为密码通信。在计算机通信中，采用密码技术将信息隐蔽起来，再将隐蔽后的信息传输出去，信息在传输过程中即使被窃取或截获，窃取者也不能了解信息的内容，从而保证信息传输的安全。

11.1.1 密码学常用术语

密码学(Cryptology)一词乃为希腊字根“隐藏”(Kryptós)及“信息”(lógos)组合而成，现泛指所有有关研究秘密通信的学问(包括如何达到秘密通信及破解秘密)。

现在国际上第一个专门研究密码领域的学会为国际密码研究学会(International Association for Cryptologic Research，IACR)。IACR 于 1981 年成立，现在每年 5 月于欧洲举办一次学术研讨会，称为 EUROCRYPT；每年 8 月于美国举办学术研讨会，称为 CRYPTO；每两年于亚洲举办密码年会，称为 ASIACRYPT。

一个密码系统的主角有 3 个人，即发送方、接收方与破译者。典型的密码系统如图 11-1 所示。在发送方，首先将明文(Plaintext)M 利用加密器 E 及加密密钥 K_1，将明文加密成密文，$C=E_{K1}(M)$。接着将 C 利用公开信道(Public Channel)送给接收方，接收方收到密文 C 后，利用解密器 D 及解密密钥 K_2，将 C 解密成明文 $M=D_{K2}(C)=D(E_{K1}(M))$。在密码系统中也假设有一破译者在公开信道中，破译者并不知道解密密钥 K_2，但欲利用各种方法得知明文 M，或假冒发送方发送一条伪造信息让接收方误以为真。

一般而言，密码系统依其应用可对信息提供下列功能。

(1) 秘密性(Secrecy or Privacy)。防止非法的接收者发送明文。

(2) 鉴别性(Authenticity)。确定信息来源的合法性，也即此信息确定是由发送方所传送，而非别人伪造，或利用以前的信息来重叠。

(3) 完整性(Integrity)。确定信息没有被有意或无意地更改，及被部分取代、加入或删除等。

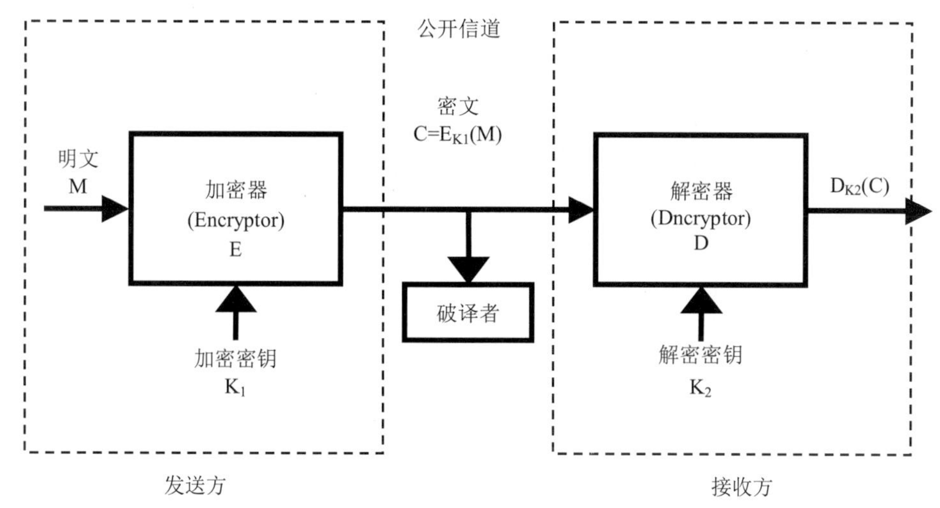

图 11-1　典型的密码系统

(4) 不可否认性(Nonrepudiation)。发送方在事后，不可否认其传送过的信息。

传统的密码学往往仅注重信息的秘密性。但近代密码学认为信息的鉴别性、完整性及不可否认性，在商业上的应用比秘密性更重要。

破译者以其在密码系统中所获得的信息，依其层次有下列 3 种可能的破解方式。

(1) 唯密文攻击法(Ciphertext-Only Attack)。破译者只能接收到密文 C，欲由密文直接破解出明文。

(2) 已知明文攻击法(Know-Plaintext Attack)。破译者拥有一些明文-密文对$\{m_1,C_1\}$，$\{m_2,C_2\}$，…，$\{m_i,C_i\}$，欲由这些明文-密文对，求出解密密钥 K_2，或求出下一个密文 C_{i+1}。

(3) 选择文攻击(Chosen-Text Attack)。在选择文攻击中，假设破译者对明文(密文)可以有选择或控制的能力。因此他可以选择他认为最可能破解的明文-密文对而对密码系统加以攻击。

虽然很多密码系统均希望破译者最多只能利用唯密文攻击法攻击此系统，但现在的密码系统必须经得起选择文攻击，方可称得上安全，尤其是公开密钥密码系统。由于加密密钥是公开的，任何人都可以利用加密密钥将任何明文加密成密文，以进行选择明文攻击。

在图 11-1 所示典型的密码系统中，若加密密钥 K_1 只有合法的发送方知道，则此密码系统称为秘密密钥密码系统。一般而言，秘密密钥密码系统中的加密密钥 K_1 和解密密钥 K_2 具有下列特性：知道 K_1 即知道 K_2，反之亦然。在很多情况下 $K_1=K_2$，因此秘密密钥密码系统又称为对称密钥密码系统或单密钥密码系统。

由于秘密密钥系统具有密钥分配问题，同时无法达到不可否认的特性，公开密钥密码系统应运而生。在公开密钥密码体制下，加密密钥不等于解密密钥，加密密钥可对外公开，使任何用户都可将传送给此用户的信息用公开密钥加密发送，而该用户唯一保存的私人密钥是保密的，也只有它能将密文复原、解密。虽然解密密钥理论上可由加密密钥推算出来，但这种算法设计在实际上是不可能的，或者虽然能够推算出，但要花费很长的时间而成为不可行的。所以将加密密钥公开也不会危害密钥的安全。

11.1.2　密码学分类

从不同的角度根据不同的标准，可以把密码分成若干类。

1. 按应用技术或历史发展阶段划分

(1) 手工密码。以手工完成加密作业，或者以简单器具辅助操作的密码，叫作手工密码。第一次世界大战前主要是这种作业形式。

(2) 机械密码。以机械密码机或电动密码机来完成加解密作业的密码，叫作机械密码。这种密码从第一次世界大战出现到第二次世界大战中得到普遍应用。

(3) 电子机内乱密码。通过电子电路，以严格的程序进行逻辑运算，以少量制乱元素产生大量的加密乱数，因为其制乱是在加解密过程中完成的而不需预先制作，所以称为电子机内乱密码。从 20 世纪 50 年代末期出现到 70 年代广泛应用。

(4) 计算机密码。其是以计算机软件编程进行算法加密为特点，适用于计算机数据保护和网络通信等广泛用途的密码。

2. 按保密程度划分

(1) 理论上保密的密码。不管获取多少密文和有多大的计算能力，对明文始终不能得到唯一解的密码，叫作理论上保密的密码，也叫理论不可破的密码，如客观随机一次一密的密码就属于这种。

(2) 实际上保密的密码。在理论上可破，但在现有客观条件下，无法通过计算来确定唯一解的密码，叫作实际上保密的密码。

(3) 不保密的密码。在获取一定数量的密文后可以得到唯一解的密码，叫作不保密密码。如早期单表代替密码，后来的多表代替密码，以及明文加少量密钥等密码，现在都成为不保密的密码。

3. 按密钥方式划分

(1) 对称式密码。收发双方使用相同密钥的密码，叫作对称式密码。传统的密码都属此类。

(2) 非对称式密码。收发双方使用不同密钥的密码，叫作非对称式密码，如现代密码中的公共密钥密码就属此类。

4. 按明文形态划分

(1) 模拟型密码。用以加密模拟信息。如对动态范围之内连续变化的语音信号加密的密码，即为模拟型密码。

(2) 数字型密码。用于加密数字信息。如对两个离散电平构成 0、1 二进制关系的电报信息加密的密码，即为数字型密码。

5. 按编制原理划分

按编制原理可分为移位、代替和置换 3 种以及它们的组合形式。古今中外的密码，不论其形态多么繁杂，变化多么巧妙，都是按照这 3 种基本原理编制出来的。移位、代替和置换 3 种原理在密码编制和使用中相互结合，灵活应用。

11.2　密码学数学基础

密码学中需要使用到许多数学理论，如数论、咨询理论、复杂度理论、概率、线性代数等，均为设计密码系统与协定不可或缺的工具。

11.2.1　有限域

集合 $F=\{a,b,\cdots\}$，对 F 的元素定义了两种运算—— “+”和“×”，并满足以下 3 个条件。

- F 的元素关于运算“+”构成交换群，设其单位元素为 0。
- F 的元素关于运算“×”构成交换群。即 F 中元素排除元素 0 后，关于乘法构成交换群。
- 分配率成立，即对于任意元素

$$a,b,c\in F$$

恒有

$$a\times(b+c)=(b+c)\times a=a\times b+a\times c$$

p 是素数时，可证 $F\{0,1,2,\cdots,p-1\}$，在 mod p 意义下，关于求和运算“+”及乘积“×”，构成了域。F 域的元素数目有限时称为有限域。

令 G 是一个非空集合且∘是 G 中一个二元运算，若满足以下条件，则$(G,\circ)$称为一个群。

(1) 对所有 $a,b\in E$，则 $a\circ b\in G$。　(封闭性)

(2) 对所有 $a,b,c\in G$，则 $a\circ(b\circ c)=(a\circ b)\ c$。　(结合性)

(3) 对所有 $a\in G$，存在一个 $e\in G$ 满足 $a\circ e=e\circ a=a$。　(具单位元素(identity))

(4) 对每一个 $a\in G$，存在 $b\in G$ 满足 $a\circ b=b\circ a=e$。　(具反元素(inverse))

(5) 对所有 $a,b\in G$，$a\circ b=b\circ a$，则 G 称为是一个交换群或 Abelian 群。

非对称密码算法大多基于乘法群的运算，通常乘法单位元素 1 及加法单位元素 0 均不采用。

11.2.2　同余及模算法

令 3 个整数 a、b 及 $n\neq0$，若 $a-b=kn$（k 为任一整数），则称 a 在 mod n 下与 b 同余

(Congruent)，记为$a \equiv b \bmod n$。所有整数在 mod n 下，被分成 n 个不同的剩余类(Residue Class)。若将每一个剩余类取一个数为代表形成一个集合，则此集合称为 mod n 之完全剩余系(Complete Set of Residues)，以Z_n表示。同余的基本运算如下。

(1) $a = a \bmod n$。　　(反身性)

(2) 若$a = b \bmod n$，则$b = a \bmod n$。　　(对称性)

(3) 若$a = b \bmod n$且$b = c \bmod n$，则$a = c \bmod n$。　　(迁移性)

(4) 若 $a = b \bmod n$ 且 $c = d \bmod n$，则 $a + c = b + d (\bmod n)$，$a - c = b - d (\bmod n)$，$ac = bd (\bmod n)$。

(5) $(a + b) \bmod n = ((a \bmod n) + (b \bmod n)) \bmod n$，$(a - b) \bmod n = ((a \bmod n) - (b \bmod n)) \bmod n$，$(a \times b) \bmod n = ((a \bmod n) \times (b \bmod n)) \bmod n$。

(6) 若$ac = bd \bmod n$，$c = d \bmod n$且$\gcd(c,n) = 1$，则$a = b \bmod n$。

(7) 若$\gcd(a,n) = 1$，则存在唯一整数 b，$0 < b < n$且$\gcd(b,n) = 1$，使得$ab = 1 (\bmod n)$。此时 a 称为 b 在 mod n 下的反元素；b 称为 a 在 mod n 下的反元素。

(8) 若且唯若$ax = 1 (\bmod n)$有解，则$\gcd(a,n) = 1$。

欧拉函数(Euler Totient Function)，记为φ，定义如下：$\varphi(n)$为小于 n 且与 n 互素的所有整数的个数。例如，$\varphi(9) = 6$，因为 1,2,4,5,7,8 与 9 互素。

11.2.3 中国剩余定理

《孙子算经》：今有物不知其数，三三数之剩二；五五数之剩三；七七数之剩二。问物几何？即求正整数解 x 满足：

$$
\begin{aligned}
x &= 2 \bmod 3 \\
&= 3 \bmod 5 \\
&= 2 \bmod 7
\end{aligned}
$$

中国剩余定理(Chinese Remainder Theorem，CRT)描述如下。

令$n_1, n_2, \cdots, n_t$为两两互素的正整数，$N = \prod_{i=1}^{t} n_i$，则$x = a_1 \bmod n_1 = a_2 \bmod n_2 = \cdots = a_t \bmod n_t$在$[0, N-1]$中有唯一解。

如何求中国剩余定理的解？

令$N_i = \dfrac{N}{n_i}$，则$x = \sum_{i=1}^{t} N_i \times y_i \times a_i \bmod N$，其中$N_i \times y_i = 1 (\bmod n_i)$，即$y_i = N_i^{-1} \bmod n_i$。

《孙子算经》的例子解法如下。

$N = 3 \times 5 \times 7 = 105$

$N_1 = 5 \times 7 = 35$，$N_2 = 3 \times 7 = 21$，$N_3 = 3 \times 5 = 15$

$35 \times y_1 = 1 \bmod 3 \Rightarrow y_1 = 2$

$21 \times y_2 = 1 \bmod 5 \Rightarrow y_2 = 1$

$15 \times y_3 = 1 \bmod 7 \Rightarrow y_3 = 1$

所以， $x = 35 \times 2 \times 2 + 21 \times 1 \times 3 + 15 \times 1 \times 2 = 23 \bmod 105$。

11.2.4 单向函数与单向陷门函数

一个单向函数(one-way function) $f: X \to Y$，满足下列条件。

(1) 对任一 $x \in X$，可以很容易算出 $y = f(x)$。

(2) 给定任一 $y \in Y$，算出 x 满足 $y = f(x)$ 是计算上可行的(Computationally Infeasible)。

一个单向陷门函数(one-way trapdoor function) $f: X \to Y$，满足下列条件。

(1) 对任一 $x \in X$，可以很容易算出 $y = f(x)$。

(2) 给定任一 $y \in Y$，算出 $x = f^{-1}(y)$ 为计算上不可行；若知道某一个额外的秘密参数(称为暗门)，则可以很容易算出 $x = f^{-1}(y)$。

单向函数的应用将某一个秘密值转换成一个公开值，而任何人无法从公开值中求得该秘密通值。

11.2.5 Fermat 定理

设 p 是一个素数，则对任意整数 a，有 $ap \equiv a(\bmod p)$。

11.2.6 指数函数

令 G 为有限的乘法群(Multiplicative Group)且 $g \in G$，则指数函数 $E_x(g)$ 定义如下：对所有的 $x \in G$，$E_x(g) = g^x \in G$。通常，令 $G = \{0,1,2,\cdots,p-1\}$，p 为素数，则 $E_x(g) = g^x \bmod p$。

- 序(Order)

令 $< E_x(g) >= \{g^0 = 1, g^1, g^2, \cdots\}$，则存在一最小整数 T，使得 $E_T(g) = g^T = 1 = g^0$，T 称为 g 在 G 中的序。由 Fermat 定理得知，对于所有的 g，其 T 必能整除 $p-1$。

- 原根(Primitive Root)

若 $g \in G$ 的序为 $T = p-1$，则 g 称为 $\bmod p$ 之原根。

当 g 为 $\bmod p$ 之原根时，$< E_x(g) >$ 具有最大的序。

若 p 为素数，则 $\bmod p$ 之原根个数等于 $\varphi(\varphi(p)) = \varphi(p-1)$。

原根示例如下。

$p = 11$，$\varphi(\varphi(11)) = \varphi(10) = 4$，比 10 小且与之互素的正整数有 $\{1,3,7,9\}$，所以，$p = 11$ 时共有 4 个原根。

某一数 n 的原根个数为 $\varphi(\varphi(n))$。

若已知 2 为原根，则 $2^1 \bmod 11 = 2$、$2^3 \bmod 11 = 8$、$2^7 \bmod 11 = 7$、$2^9 \bmod 11 = 6$ 为全部的 4 个原根。

11.2.7 辗转相除法求取两个数的最大公约数

辗转相除法是利用以下性质来确定两个正整数 a 和 b 的最大公因子的：

(1) 若 r 是 $a \div b$ 的余数， 则

$$\gcd(a, b) = \gcd(b, r)$$

(2) a 和其倍数的最大公因子为 a。

另一种写法如下。

(1) $a \div b$，令 r 为所得余数($0 \leq r < b$)，若 $r = 0$，算法结束；b 即为答案。

(2) 互换：置 $a \leftarrow b$，$b \leftarrow r$，并返回第一步。

11.3 计算机信息安全

信息安全是指信息网络的硬件和软件及其系统中的数据受到保护，不受偶然的或者恶意的原因而遭到破坏、更改、泄露，系统连续可靠正常地运行，信息服务不中断。

在这个信息爆炸的时代，整个人类的生活方式发生了翻天覆地的变化，人与人之间的交流与沟通方式、商品货物的订购与销售方式等都发生了变化。几千年来，身处异地的两人必须通过书信与对方交流，跋山涉水不远万里方能进行面对面的交流。现如今只需要通过 E-mail，弹指一挥间信息即迅速到达目的地，或者通过视频与对方进行实时的面对面交流，效率之高，速度之快，令人叹为观止。

网络带给了人类幸福，同时也将灾难带给了人类，计算机病毒、网络诈骗、勒索等日益倍增，人类在网络中的信息安全问题也越来越严重，越来越需要人类去面对和解决。

信息安全本身包括的范围很大，大到国家军事政治等机密的安全，小到如防范商业企业机密泄露，防范青少年对不良信息的浏览，个人信息的泄露等。网络环境下的信息安全体系是保证信息安全的关键，包括计算机操作系统安全、各种安全协议、安全机制(数字签名、信息认证、数据加密等)，直至安全系统，其中任何一个安全漏洞便可以威胁全局安全。

11.3.1 操作系统安全

现如今，网络已普及到家庭，人们对网络信息安全意识的淡薄，自我保护意识的淡薄，促进了网络病毒、木马、欺诈和恐吓的蔓延。作为网络信息安全的第一站，操作系统安全必须引起足够的重视。

经历了半个多世纪的发展，操作系统的设计已经越来越成熟，越来越趋于人性化，界面漂亮，操作简便，但同时造成代码量庞大，测试难度增大，进而造成了操作系统存在大量的已知漏洞和待发现漏洞。网络黑客可以控制带有漏洞的操作系统主机，进而盗取主机上认为有用的信息(如银行账号和密码、游戏账号和密码)，或利用其控制的主机组成僵尸网络发起更深层次的攻击，对国家及人民的财产、隐私等造成了重大的侵害。那么如何才

能加强操作系统安全，保护自己的财产安全、隐私呢？下面给出五条建议。

(1) 设置操作系统的登录密码为强密码，抵抗网络黑客对登录密码的穷尽攻击。所谓强密码，就是用户的登录密码长度不能太短，至少应该在6位以上，同时密码中应该包含大小写字母、数字和特殊字符，从而扩大密钥穷尽空间，增大穷尽难度，保护自己的操作系统不被控制。

(2) 及时更新操作系统漏洞补丁，减少被黑客入侵的机率。众所周知，微软的Windows操作系统，每隔一段时间就会推出操作系统的漏洞补丁，用户一定要实时更新系统漏洞补丁，防止黑客利用此漏洞对操作系统进行攻击，从而获得对操作系统的控制权。

(3) 给操作系统加上双刃剑：防火墙和杀毒软件。给操作系统安装防火墙和杀毒软件，可以有效地限制非法IP、用户的数据出入，防止非法程序的执行入侵等，增强操作系统的安全性，降低系统入侵的可能性，从而有效地保护好自己的数据信息，防止自己的财产、隐私被盗取，同时注意实时更新防火墙的过滤规则以及杀毒软件的病毒库。

(4) 可疑软件和可疑信息不要使用或单击。每个操作系统用户的需求不同，需要的辅助软件也不尽相同，在需要下载软件时，请不要到不知名的网站或者小网站去下载，这些网站很有可能在我们需要的软件上面捆绑了木马，或者这些网站本身已经被捆绑了网络木马，一旦上去很有可能会被木马控制，因此请到大型的官方网站去下载，切断非法程序的传播源。在收取邮件时，不熟悉的用户发给你的邮件不要收取，尤其带有附件的邮件。

(5) 增强安全防护意识。例如，有一个人买了一辆自行车，没有来得及买锁，在回来的路上，自行车就被小偷偷走了；后来买了第二辆自行车后，就及时给自行车加上了一把锁，结果过了几天自行车还是被偷了；买了第三辆自行车后，他给自行车加了两把锁，过了一段时间还是被偷了；在他买第四辆自行车后，他给自行车加了三把锁，有一天他去取自行车的时候，发现自己的自行车变成了四把锁。这个例子告诉我们增强操作系统的防护，可以有效地防止黑客攻击，增强自身的安全防护意识也是同等重要。

11.3.2　文档加密

前面给出了五条保证操作系统安全的建议，下面从软件加密保护技术的角度来讲解如何保护我们的信息及隐私。

日常生活中经常会碰到存储到电脑中的个人信息被泄露的情况，这是因为数据信息没有加密，他人拿到这些未加密存储的数据信息后直接进行阅读、使用和散播，造成对当事人的伤害。因此对磁盘上存储的重要数据信息进行加密存储是很有必要的，例如你开发的程序源代码，使用的银行账号和密码，以及一些商用的内幕资料等都需要进行一定的加密保护。

当然，有人会说假如你的操作系统被人控制，就算对存储的数据加密，黑客也可以通过键盘记录等控制技术对加密的信息进行解密。安全是相对的，会存在这个问题，但是如果采取高强度的加密工具(加密狗验证、指纹验证等技术)，做好操作系统安全，势必会降低黑客对我们的侵害。

常用的加密软件包括 Office 系列软件、PGP、WinRAR 以及一些第三方开发的加密软件，用户可以根据自己的需要选择相应的加密软件，常用的算法有 DES、AES、RC4 加密算法和 MD5、SHA1 哈希验证算法。

1. Word 文档加密

Office 文档默认在编写完成存盘时为未加密保护，可以在存盘时进行文档的加密保存。下面以 Word 为例进行阐述。

在对编辑的文档存盘时，选择“文件”→“另存为”命令，会弹出“另存为”对话框，然后选择“另存为”对话框右上角的“工具”菜单，会弹出如图 11-2 所示的菜单栏。

图 11-2 “另存为”对话框

选择弹出菜单中的“安全措施选项”，弹出的对话框如图 11-3 所示。

设置打开文件时的密码和修改文件时的密码，之后在重新打开该文档时需要输入打开文件时的密码；如果对文件进行修改，则需要输入修改文件时的密码，增加了阅读和修改文档的难度。

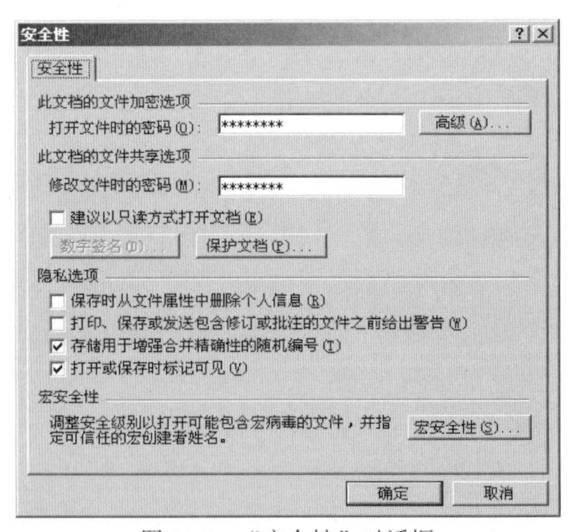

图 11-3 “安全性”对话框

在设置了 Word 打开文件和修改文件时的密码后，该 Word 文档就会利用 RC4-40 或者 RC4-128 加密算法，结合用户数据的密码对文档加密，只有用户输入正确的密码后才可以打开或者修改文档。如果设置的密码足够长，黑客想对该加密文档进行穷尽攻击，一般来讲是很难的。

2. WinRAR 压缩加密存储

可以说用过计算机的人大部分都知道 WinRAR 压缩软件，但是一般人都是使用该软件将较大的数据压缩或分割压缩成较小的数据块，利于数据的传输和备份，其实 WinRAR 软件还可以用来对数据进行加密，且其加密强度很高，它使用 AES 对数据进行加密。

如果想使用 WinRAR 软件对数据进行压缩加密存储，则可以右击要压缩加密的数据，从弹出的快捷菜单中选择“添加到压缩文件”命令，弹出的对话框如图 11-4 所示。

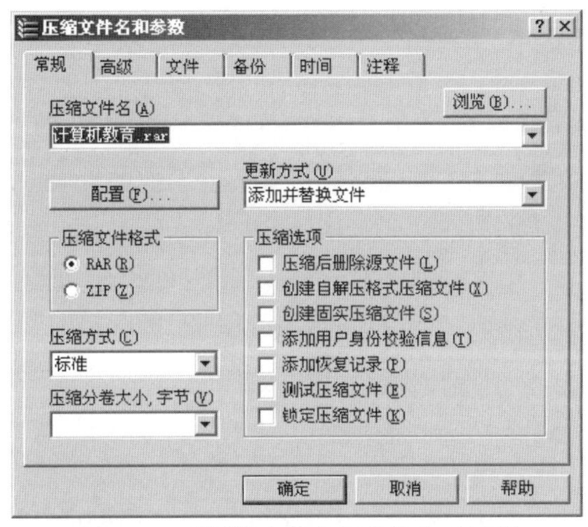

图 11-4　“压缩文件名和参数”对话框

选择“高级”选项卡，如图 11-5 所示。

单击“设置密码”按钮，弹出的对话框如图 11-6 所示。

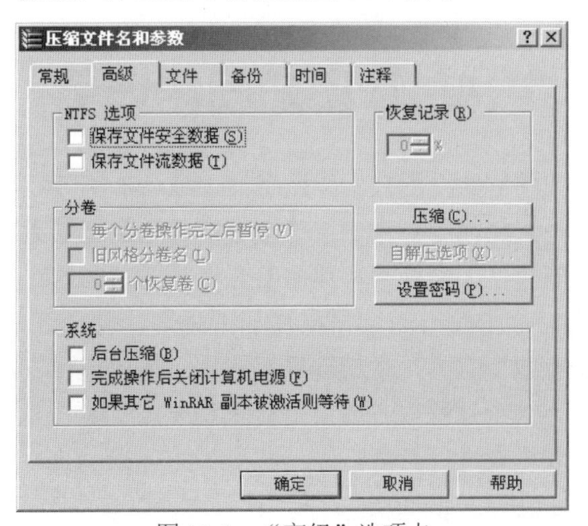

图 11-5　“高级”选项卡

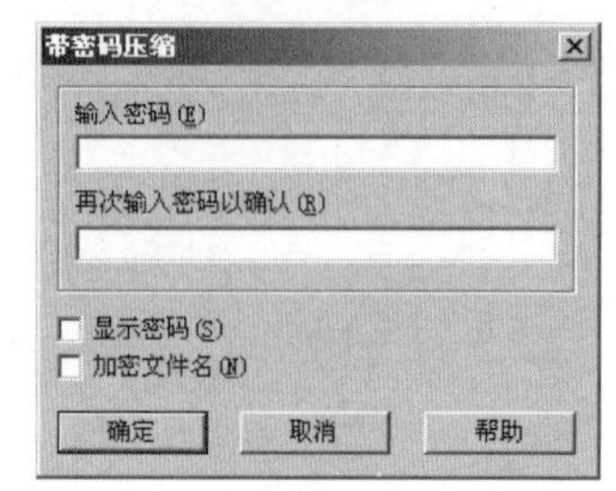

图 11-6 “带密码压缩”对话框

在“输入密码”和“再次输入密码以确认”文本框中输入需要的密码(一般高于 10 个字符以上就很难破解该 rar 文档)，如果选择“加密文件名”复选框，则在该压缩加密数据中找不到任何未加密前的信息，安全性更高。

11.3.3 口令保护技术

常用的口令保护技术是对用户的口令进行哈希运算，并存储哈希运算之后的结果，而不是直接存储用户的口令。UNIX、Linux 操作系统中用户的登录口令都采用了类似的保护机制，很多网站对用户注册的用户密码采用哈希存储。

哈希存储的好处在于，哈希运算之后的结果是不可逆的，也就是哈希算法是单向的，窃密者拿到用户口令的哈希结果，也没有办法快速地得到用户的密码，只能通过口令穷尽的方式来求取用户的口令。这也告诉用户一定要将自己的口令长度设置得足够长，且没有规律，才可以保证口令的安全。

下面简单讲解一下 Linux 口令保护方式。其加密保护方式为 MD5(Salt，Password)。那么当用户登录时，用户输入其登录的口令 Password，操作系统根据获取的 Password 到系统中的 shadow 文件中取出该用户对应的 Salt 以及存储的哈希结果 HashResult，利用 HashResult1=MD5(Salt，Password)，然后比较 HashResult 和 HashResult1 是否相同，如果相同则用户可以正常登录，否则需要重新输入用户名和密码。

11.4 计算机网络安全

密码学是互联网时代不可缺少的技术，数字签名或者加密处理所提供的数据安全性是不可替代的。网上购物越来越流行，对安全连接的需求也越来越大。敏感数据，如银行账号、信用卡细节等都应当经过加密处理和数字签名以后才能发送。

所谓“安全连接”，是指发出的数据将被加密处理，即使这些数据被半路截获，也没有人能够读懂或者予以改变。另一端的计算机必须“出示证件”，证明自己有权接收这些数据后，才可以接收。这个过程双方需要进行密钥交换和身份认证。例如到银行 ATM 取款机取钱，就需要对取款人进行身份验证，然后才能够在 ATM 取款机上进行操作。下面就涉及的部分密码算法进行介绍。

11.4.1　DH 密钥交换算法

DH 密钥交换算法是由 Diffie 和 Hellman 设计实现的，该算法是基于一般有限域上离散对数难题而设计的。其具体算法如下。

首先双方选择共同的底数 g 和模数 N，假设用户 A 和用户 B 进行密钥交换，则其过程如下。

(1) 用户 A 生成一个大的随机数 x，然后计算 $g^x \bmod N$ 并将 $g^x \bmod N$ 发送给 B。

(2) 用户 B 生成一个大的随机数 y，然后计算 $g^y \bmod N$ 并将 $g^y \bmod N$ 发送给 A。

(3) A 利用收到的 $g^y \bmod N$ 和 x 计算 $(g^y)^x \bmod N$ 作为密钥。

(4) B 利用收到的 $g^x \bmod N$ 和 y 计算 $(g^x)^y \bmod N$ 作为密钥。

(5) 由于 $(g^y)^x \bmod N = g^{yx} \bmod N = g^{xy} \bmod N = (g^x)^y \bmod N$，因此 A 和 B 就是用 $g^{xy} \bmod N$ 作为密钥，从而完成通行双方 A 和 B 的密钥交换。

11.4.2　RSA 算法

在 Diffie 及 Hellman 提出基于单向陷门函数的公开密钥密码系统时，他们并不知道单向陷门函数是否真的存在。1978 年美国麻省理工学院三位教授 Rivest、Shamir 及 Adleman(RSA)首先提出一种基于因子分解的指数函数以作为单向陷门函数，并依次设计了 RSA 算法。该算法的安全性是基于大数分解世界难题的，是现今民间及商业上使用最广泛的公开密码系统和数字签名系统。

1. RSA 密钥产生

(1) 每位使用者，如 A，任意选择两个大素数 p 和 q，并求出其乘积 $N=pq$。

(2) A 任意选择一个整数 e 为加密密钥(一般选择 $e=3$ 或者 $e=65537$)，使得 e 和 N 互素，求取解密密钥 d，使得 $ed=1 \bmod (\oint(N))$。

(3) A 将 (e,N) 公布为其公开密钥，并将 d 秘密保存为其私有秘密密钥。这时 p 和 q 可以删去不用，以增加其安全性。

2. 公开密钥密码系统

设 B 欲秘密传送明文 $m(0 \leqslant m \leqslant N)$ 给 A，则 B 首先由公开档案找出 A 的公开密钥 (e,N)(或由 A 提供)。B 接着执行加密动作：$E(m)=C=me(\bmod N)$。B 将密文传送给 A。A 收到密文 C 后，利用其私有密钥 d，执行解密动作：$D(C)=C^d=(m^e)^d=m(\bmod N)$。不论 m 是否与 N 互素，在 RSA 系统中执行加密与解密后均可还原为 m。

3. 数字签名系统

设 A 欲将文件 m 签名，则 A 利用其私有密钥 d，对 m 加以签名得到签名文 S：$S=D(m)=m^d(\bmod N)$，并将 m 与签名文 S 发送给 B。B 收到 m 与 S 后，利用 A 的公开密钥 (e,N) 进行验证：$E(S)=Se=m'(\bmod N)$。如果 $m'=m$ 则验证正确，否则验证失败。

11.5 软件编程语言中的加密算法

前面讲解了很多与密码设计、信息安全相关的数学知识，还介绍了几个算法，可能很多人对此已经有了一定的畏难情绪，想想今后编程过程中会面临那么多的数学，而数学又总是让人头疼。不用怕，上面提到的一些算法，甚至更复杂的加解密算法在高级语言 Java 和 C#中都已经给出了实现方法，只需要会用就可以了。

Java 程序员如果需要编写信息安全方面的软件，只需要在程序中使用 import java.security.*;就可以使用 Java 包中提供的包括信息摘要算法、密钥交换算法、数字签名、对称算法和公钥体制算法等。

当然，.NET 程序员如果需要编写信息安全方面的软件，也很简单，只需要在程序中使用 using System.Security.Cryptography;就可以使用.NET 框架提供给我们的常用信息摘要、密钥交换算法、数字签名算法、对称算法和公钥体制算法等。

11.6 密码实战

11.6.1 凯撒密码

凯撒密码(Caesarcode)编制的方法比较简单(当然是相对于现在来讲，对于凯撒大帝时代还是比较难的)，就是将每一个英文字母都以其后的第三个字母替代，如图 11-7 所示，用两条纸带来编密码，或者用卡片纸制成大小两圆盘，互相旋转对照。

```
      A B C D E F G H I J K L M N O P Q R S T U V W X Y Z
A B C D E F G H I J K L M N O P Q R S T U V W X Y Z A B C D E F G H I J
```

图 11-7 凯撒密码编制方法

请利用图 11-7 找到 Caesarcode 对应的密码是什么。

11.6.2 条形码密码

公开出售的图书及商品都有条码及商品号码，在付账时，用激光束扫描条码，把信息传到计算机中，因计算机存有所有商品的价格，所购商品的价格就会显现在收银机的显示屏上，并打印在收据上。商品码中数字的组成如图 11-8 所示。

图 11-8 商品码

校验码格式如下：

97	80521	34759	4
国家码	制造商代号	商品号	校验码

该条形码验证过程如下。

(1) 计算奇数位 6 个数字的总和 X(由左算起)。

(2) 计算偶数位 6 个数字的总和 Y。

(3) 校验码要符合下列条件：$X-Y$+校验码用 10 除，余数为 0。

11.6.3　比尔密码

比尔密码与一个埋藏的宝藏有关，到现在也没有人将其完全破译出来。比尔密码一共有三页，其中只有第二页被破译了。而它的原理如下。

若钥文：

1Last，2a 3piece 4of 5good 6news 7for 8you.9From 10the 11second 12semester 13onward，14you 15will 16have 17the 18chance 19to 20choose 21your 22English 23teacher 24based 25on 26his 27or 28her 29personal 30information 31on 32the 33net 34and 35your 36knowledge 37of 38him 39or 40her. 41Teachers 42have 43found 44this 45quite 46challenging，47but 48students 49welcome 50it 51immensely.

那么，每个数字代表它后面的单词的第一个字母，即

1＝l	18＝c	35＝y
2＝a	19＝t	36＝k
3＝p	20＝c	37＝o
4＝o	21＝y	38＝h
5＝g	22＝e	39＝o
6＝n	23＝t	40＝h
7＝f	24＝b	41＝t
8＝y	25＝o	42＝h
9＝f	26＝h	43＝f
10＝t	27＝o	44＝t
11＝s	28＝h	45＝q
12＝s	29＝p	46＝c
13＝o	30＝i	47＝b
14＝y	31＝o	48＝s
15＝w	32＝t	49＝w
16＝h	33＝n	50＝i
17＝t	34＝a	51＝i

如果密文是

2 48 44 28 22 18 34 1 1 12 31 23 40 22 22 18 16 37

则明文就是

As the call, so the echo.

比尔密码的第二页密文就是用《独立宣言》来加密的，其第一和第三页的钥文却没能被找出。当然，此钥文如果是自己写的一篇文章，而又没有公开过，那么，要完全破译比尔密码，恐怕是没有什么可能了。曾经有很多人花费一生的心血来研究它，也是一无所获。

11.7　常用的密码在线工具

常用的密码在线工具及网站如下。

- http://www.md5.org.cn/——MD5 在线查询、破解、解密、加密。
- http://www.cmd5.com/——MD5 在线查询、破解。
- http://www.neeao.com/md5/——MD5 在线破解系统。
- http://www.md5sha1.com——MD5、SHA1 在线破解、在线解密、在线查询、在线加密。
- Office Password Remover——Word 在线破解工具。

11.8　常用的密码工具

常用的密码工具如下。

- advanced rar password recovery——WinRAR 密码。
- Advanced PDF Password Recovery Pro——PDF 文件密码。
- advanced office password recovery——Office 文件密码。
- ABF Password Recovery——Outlook 密码。
- Advanced IM Password Recovery——MSN 密码。
- RockXP——ADSL 密码。
- CryptoCalc 1.2——多种加密算法计算器。
- Prime Generator——大素数生成器。
- base64encodedecode——Base64 计算器。
- DAMN Hash Calculator 1.51——计算 Hash 函数计算器。
- RSATool2v1.10——RSA 算法辅助工具。
- Microsoft Password checker——密码强度测试工具。

11.9　密码研究资料

常用的密码研究用书主要有：《程序员密码学》《应用密码学》《计算机密码学及其应用》《密码学原理与实践》《经典密码学与现代密码学》。

【单元小结】

- 密码系统提供的功能
  - 秘密性
  - 鉴别性
  - 完整性
  - 不可否认性
- 常用的密码攻击方法
  - 唯密文攻击法
  - 已知明文攻击法
  - 选择文攻击法
  - 选择明文攻击法
  - 选择密文攻击法
- 密码学按照密钥方式划分
  - 对称式密码
  - 非对称式密码

【单元自测】

1. 密码系统提供的功能中，秘密性指的是____________________；鉴别性指的是________________；完整性指的是________________；不可否认性指的是________________。

2. $\varphi(18)=$________________。

3. DH 密钥交换算法是由________________和________________设计实现的，该算法是基于______________________________而设计的。

4. RSA 算法的设计者是________、________、________。

5. Java 程序员需要导入____________包，就可以使用该包中提供的加解密算法；.Net 程序员需要使用________________，就可以使用该命名空间中的加解密算法。

[1] 金忠伟. 计算机应用——职业办公技能教程[M]. 北京：北京师范大学出版社，2011.
[2] 牟绍波，刘义常. 计算机应用基础[M]. 第 2 版. 北京：清华大学出版社，2010.
[3] 袁天生，王虎. 计算机应用基础[M]. 北京：北京理工大学出版社，2011.